照明

110種關鍵提案與具體做法，
空間表情營造規劃全圖解

安齋哲——著

林詠純——譯

作 者 序

近年來，隨著人們對於溫室效應及節能問題的關注程度逐漸升高，照明燈具及光源等技術發展也趨進步，在設計與節能方面的進展因而更加令人期待。

不僅如此，人們對於舒適性的要求比以往更高，以照明設計為主的設計師，也累積了足夠的想法與技術來回應這些需求，現在，透過光與影的展現，已經可以滿足空間設計的豐富性。但從另一方面來看，設計的手法表達的是對照明的思考方式，這部分卻很難說設計師們都已經能夠充分掌握，因此現在的照明設計大多數仍然是從經濟及效率方面著手，著重在確保空間亮度。

《照明》將讀者設定為新手設計師以及對照明感興趣的一般人，內容涵蓋從評估照明計畫時必須具備的基礎知識、到設計住宅、辦公室及店鋪的照明時可以參考與使用的方法等，同時也介紹了能讓照明營造氣氛的手法表現出色的技巧。希望各位讀者在構思、實現更舒適的照明空間時可做為參考。

照明雖然多少需要一點基礎知識，但若考量到照明同時也是控制環境情境、及表現空間情境的手法，就能了解到照明也是一種相當經濟、實用而且平易近人的設計工具。

讀完本書後，相信即使是一般人，也能輕易地使用立燈等燈具來營造出屬於自己的舒適照明環境。「玩」照明，成為創造出自己心目中理想空間的好機會。此外，購買燈具時，選擇節能性高的產品雖然較環保，但藉此機會重新檢視過度使用資源或電力的生活型態也很重要。如果為了環保而改用節能燈具，卻反而破壞燈光帶來的空間印象、讓生活空間不再討喜，那就本末倒置了。懷抱著對空間的熱情，珍惜使用周圍的事物，才是對環境最好的態度。

運用照明來創造多變的空間感，打造自己的生活空間，培養成熟對待場所及空間的態度，將成為今後營造更舒適環境的基礎。

希望各位讀者在閱讀本書之後，能夠開始「玩」照明！

二〇一三年五月吉日　安藤哲

推|薦|序 （順序依照姓名筆劃排列）

此書以淺明的文字和詳盡的插圖，教導讀者如何進行燈光配置，為空間隱惡揚善、提升機能與美感，並進一步強化使用者與建築物的情感連結，是自力裝修或與室內設計師溝通前，讓照明知識迅速擴增的最佳入門工具。

——Phyllis　青豆設計 室內設計師

《照明》這本書顧名思義有許多圖例說明室內照明設計的原理與應用。雖說圖解，卻有非常紮實的學理說明與實務引導。作者是日本建築系畢業的建築師與執業照明設計師，因此以我專業照明設計從業人員的眼光來看，這本書可說是集結了我前兩本《室內照明設計原理》與《室內照明設計應用》之大全，卻多了更多實務面的應用案例。對於一般讀者，特別是住家方面的各個空間，都可以得到佈局乃至採購安裝的指引，針對其他諸如辦公室與商業空間都有涉略，可以說是很有用的工具書。

——石曉蔚　光理設計公司主持設計師

優質的照明環境，始於我們對生活關注的態度！

1996年我還在工研院學習照明的時候，我的指導老師周鍊先生給了我一段終生受用的話，光品質的好與壞，掌握在設計者對於照明設計是否「從生活的常識來思考人的需求、以生活環境為觀察的數據來分析」為設計的依據，並與當地的居民或者業主充分的溝通所有的條件方能開始執行，這些條件也是使得整個設計能夠成功的要素。

這本《照明》讀完之後，讓我又重新回到最初在學習照明設計的過程，從如何分辨一個好的照明方式，一直談到如何去挑選出一盞適合的燈具，全程都以深入淺出的方法來撰寫並輔以淺顯易懂的圖解，足見本書的編者非常用心，讓廣大的讀者從此不會再將照明設計視為畏途，實是台灣設計界的一大福音，我非常推薦本書成為追求優質光環境的讀物，更是專業人員必備的參考書之一。

——李其霖　日光照明設計顧問有限公司總監

作者從日常生活中去體驗照明，再結合自身對照明的認知，提供了讀者對照明的基本認知及照明的基本配置，並參考許多文獻資料，匯集而成的這一本精華設計寶典，實屬不易！

本書詳細的介紹了從大到城市照明，小到商品陳列照明的多種方式之照明手法，探討對人行為的關懷，達到了以人為本的照明，如此的著作在台灣照明設計界中，我極力推薦給喜愛照明設計以及在校的同學們好好閱讀才是！

——袁宗南　袁宗南照明設計事務所設計總監

在忙碌的生活腳步中，有什麼會比閱讀一本小、精、美的知識書，更讓人覺得愉悅的呢？《照明》就是這麼一本小書。作者安齋哲，以精準、簡單易懂的手繪圖示，解說一門尚稱複雜的學問，引導讀者由照明學門外漢，在極短暫的時間內，晉身成為照明專門知識的擁有者；甚至，成為這門知識的應用者。

誰適合讀這本書呢？普羅大眾，只要對空間設計有興趣的人，都值得人手一本。而正在學習建築、室內、景觀與照明設計的學子，更該及早展讀此書。因為，光與空間形塑是無法切割的！

——倪晶瑋　中原大學室內設計系副教授

良好的照明設計能增加生活舒適度及提高工作效率，這本書由照明計畫的背景、照明術語、良好照明之條件、光源特性與應用方式到燈具資料，以淺顯易懂的圖形及說明，帶領讀者進入照明設計的領域，期望每個讀者都能藉由本書找到屬於自己的「舒適光環境」。

——陳一坤　正弦工程顧問有限公司‧機電空調工程設計管理公司代表人

「照明」早已是人們日常生活中不可或缺的一部分，但適當與適量的照明在空間中又該如何著手進行規劃呢？《照明》對於想完整了解照明計畫或是對於居家照明現況抱持著困惑的讀者，本書條理分明的圖文解說無疑是最佳的入門指南。

　　　　　　　　　　　　──陳世岸建築師　空間文本建築師事務所主持建築師

　　光線是一種空間營造的利器，照明是一種無形的裝潢，善用照明的手法可以改變室內的氣氛，讓相同的空間展現出不同的風情。安齋哲的《照明》一書利用豐富的圖解方式，把生冷的光學知識以二度空間的簡圖呈現手法，讓三度空間的照明技巧變得生動而真實，淺顯易懂，非常容易讓專業人士甚至一般大眾都可以從此書中得到啟發，是值得推薦給大家仔細閱讀的一本照明專業書籍。

　　　　　　　　　　　　　　　　　　　　──陳昇暉　中央大學光電系教授

目次

Chapter 1　在照明計畫開始之前

Chapter 2　照明計畫的基礎

Chapter 3　住宅空間的照明計畫

Chapter 4　燈具配置與光源效果

Chapter **5**

非居住空間的照明計畫
辦公室／販售店／餐飲店／設施／集合住宅

Chapter **6** 光源與燈具

Chapter **7** 文件與參考資料

照明計畫是什麼？

Point

利用光源與燈具產生的光線變化，
照明計畫可以創造出舒適、有魅力的視覺環境。

▍目的是提高空間舒適度及魅力

照明計畫是一種設計上的手法，利用光源與燈具來控制光影，提高空間舒適度及魅力。

▍現有的照明多以亮度為第一考量

現有的照明計畫都是以使用最少的燈具、盡量用最便宜的方式以達到生活所需的亮度為第一考量。

「亮度[1]」的設計標準主要偏向經濟層面，因此在設計照明時，偏好使用能以較少的燈具數量達到較高亮度的螢光燈。如果想要呈現奢華的氣氛，可能會設置多個照明燈具，即使讓光線變得過亮而產生不適感也不甚在意。

換句話說，相較於對建築設計、室內設計的講究，人們對於照明燈具的種類、數量、設置方法以及照明的品質等，可說是漠不關心。

▍從現在開始提高「照明」的品質

然而，隨著生活水準提高，人們開始追求生活空間中的放鬆感、療癒感以及舒適感。照明是達成這些需求的方法之一，呈現的方式也開始受到矚目。利用照明計畫來控制光影、增強照明的效益，以此提高生活品質也就變得相當重要。

因此，如果能夠了解照明計畫的用意與目的，不僅仍然可從亮度及經濟性的面向來思考照明設計，還能納入以下的提案一併考量，使照明的效益更周全。

- 依照不同空間的特徵，創造多樣、豐富的空間環境
- 配合建築物及室內設計的目的，選擇美觀的照明燈具，思考配置效果
- 透過適當的照明安裝方法，讓空間看起來更具質感

此外，設計者也能透過照明計畫，與照明的技術同時進步，並且從中得到新的空間設計概念及創意。

譯注：1 本書中的亮度是指個人對光的主觀認定，比較像是形容，不是明確可以計算的量。

◆現有的照明計畫

●一間房間配置一個螢光燈
●無論哪個房間照明環境都相同

既然講究家具及裝潢，為什麼
不講究燈光呢？

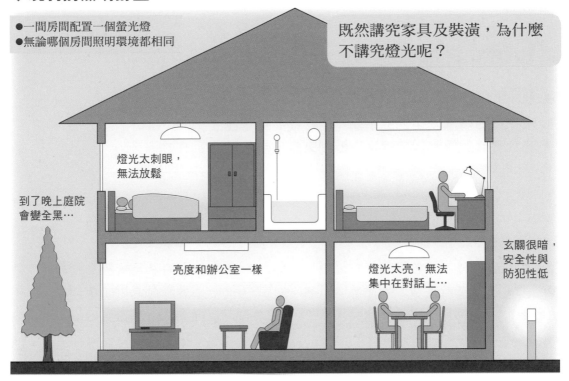

到了晚上庭院
會變全黑…

燈光太刺眼，
無法放鬆

亮度和辦公室一樣

燈光太亮，無法
集中在對話上…

玄關很暗，
安全性與
防犯性低

◆未來的照明計畫

●使用多個照明燈具，活用明暗對比（控制光影）
●配合房間的用途及特徵選擇照明

提高照明品質，
也能提高生活品質

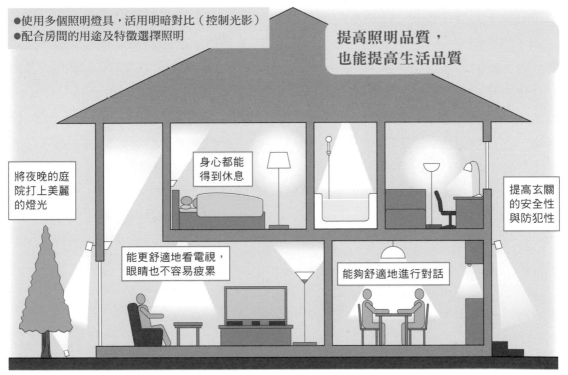

將夜晚的庭
院打上美麗
的燈光

身心都能
得到休息

提高玄關
的安全性
與防犯性

能更舒適地看電視，
眼睛也不容易疲累

能夠舒適地進行對話

1 在照明計畫開始之前

2 照明計畫的基礎

3 住宅空間的照明計畫

4 燈具配置與光源效果

5 非居住空間的照明計畫

6 光源與燈具

7 文件與參考資料

002

光與人

Point

光線能夠紓解黑夜帶來的不安，並且提高防犯性。
不過，適度的黑暗對夜晚休息時間來說也很重要。

自然光對人的影響

我們身邊有各式各樣的光線來源。例如，太陽光是白天基本的光源，人們透過窗戶將太陽光導入室內起居空間，在自然的光線中活動。

至於夜晚的自然光則是月光和星光，但是這樣的光線不足以做為人類夜晚生活的照明。因此，很久以前人們便利用火來當做夜晚的光源，而到了明治時期才開始使用人工照明做為夜間活動的主要光線來源[1]。

然而，現代的都市空間中，整天都依賴人工照明的情況不在少數，如購物商場。在這些建物中，無論白天黑夜都維持同樣的照明環境，不會有沐浴在自然光下、或是從太陽的高度變化來感覺時間流動的場景。

雖然以消費為目的的建物，可能不需要這些情境，但是人體原本就具備對光線的感知能力，能夠依照光線變化來決定作息，人工照明無形中混淆了人們對時間的感覺。

光線的效果與功能

光線具有消除黑暗帶來的不安、帶給人們安全感的效果，同時也能提高防犯性。此外，光線的功能也包括營造出休憩空間，讓身心在夜晚得到休息，儲備明天的體力。

然而，休息時的空間並不需要像白天的辦公室或學校那樣每個角落都很明亮，在接近睡眠狀態的微暗空間裡，反而能更舒服地回顧這一整天、或是享用美食美酒放鬆一下。適度的黑暗對人們的生活來說，也是相當重要的。

另一方面，在閱讀或料理等活動時，就會要求活動場所達到必須一定的亮度。因此，設計者若能從光線對使用者的效果及功能思考的話，很自然地就能找到照明計畫的要點。

譯注：1 一八七八年英國人約瑟夫‧威爾森‧斯旺（Joseph Wilson Swan，1828～1914A.D.）開始為英國的家庭安裝以碳線通電的燈泡。另，日本明治時期為一八六八年到一九一二年中

◆自然光

白天

太陽光

夜晚

月光

火的亮光

◆室內光

●太陽光

白天利用太陽光舒適的生活

●放鬆時的照明

夜晚點亮照明，使身心都得到休息。放鬆時的照明不需要像在辦公室一樣明亮，微暗的燈光較適合

●作業時的照明

在作業空間配置適當的照明，讓必要範圍內都能有充分的亮度

1 在照明計畫開始之前

2 照明計畫的基礎

3 住宅空間的照明計畫

4 燈具配置與光源效果

5 非居住空間的照明計畫

6 光源與燈具

7 文件與參考資料

003

照明計畫的流程

Point

照明計畫依照「調查‧研究‧概念」→「基本設計」→「施作設計」
→「製作‧監工‧施工」→「完成時的最後調整」的順序進行。

照明計畫與建築計畫同時進行

照明計畫應該配合建築設計、室內設計等工作的流程來進行，步驟依序為：調查‧研究‧概念→基本設計→施作設計→製作‧監工‧施工→完成時的最後調整。而照明的相關評估，多半在建築設計或室內設計的後半階段實施。

表達想要的光線效果

進行照明計畫時，第一步是先設想你想要什麼樣的光線環境、思考是否需要做、然後決定設計方針、並且充分評估設計概念。在這個過程裡，不僅要在平時就培養對光線環境的敏銳觀察，為了讓客戶和施工者之間能夠溝通順利，也要事先準備好能表達清楚光線效果的語彙和各種表現方式。

利用最後調整來提高空間的完成度

由燈光設計師所做的照明規劃，主要是依據較初期的概念來製作基本計畫，有時甚至只進行燈光設計的諮詢業務。因此，如果要使空間與照明更為相輔相成，就必須配合設計現場的狀況，確實地進行細部調整，將照明與建築本身及室內設計做整合。

細部調整的工作具體來說，包括了施工進行到最後階段時，在可調整的範圍內進行微調、交屋前確認調光控制、調整光線照射的精確度（投光方向），以達到預期的照明效果等等。

即使是由建築師或室內設計師自行擬定的照明計畫，其中所包含的業務也不會僅有計畫燈具配置和選擇照明燈具等基本作業而已，也必須一併檢討照明燈具的裝設方法、間接照明與建築、室內設計間的搭配等等。

設計師對於建築、裝潢施工現場的確認，直到最後一刻都不能放鬆，這樣才能夠帶來更高的空間完成度。

◆照明計畫的流程

照明計畫	建築計畫

調查・研究・概念

- ●了解事業計畫、建築計畫
- ●調查、了解周邊環境
- ●研究類似案例
- ●擬定照明概念 ▶P40

企劃

基本設計

基本設計

- ●正確地理解建築空間
- ●呈現光線給人的印象 ▶P48
- ●評估照明手法
- ●檢討、選定照明燈具 ▶P220
- ●製作照明配置圖、照明燈具列表 ▶P240
- ●評估電路、開關 ▶P50
- ●製作配線計畫圖 ▶P242
- ●成本評估 ▶P54、56
- ●確認照度、用電限度 ▶P34

結束

實施設計

實施設計

- ●決定燈具種類
- ●決定燈具配置
- ●決定細節以及裝設方式
- ●檢討設計圖並進行修正
- ●成本評估 ▶P54、56
- ●確認照度、用電限度 ▶P34

結束

施工・監工

製作・監工・施工→ 完成時的最後調整

- ●透過實物模擬來確認完成狀況
- ●確認燈具的承認圖（為客戶與供應商之間確認產品規格尺寸、外觀檢驗標準等等的證明文件）、製作圖
- ●確認承包商
- ●調整投光方向 ▶P46
- ●設定調光後的明暗搭配與使用情境 ▶P52
- ●確認照度 ▶P34
- ●記錄

完工・交件

1 在照明計畫開始之前

2 照明計畫的基礎

3 住宅空間的照明計畫

4 燈具配置與光源效果

5 非居住空間的照明計畫

6 光源與燈具

7 文件與參考資料

004

產品型錄的使用方法

選擇照明燈具時，必須確認產品型錄上的所有資訊。

▌選擇燈具時一定不能缺少產品型錄

各個照明廠商每年都會推出許多新的燈具，同時也會淘汰許多舊的燈具。不僅如此，隨著技術的進步，市面上也會出現新的、或是完成度更高的照明光源等。因此設計者必須時常更新資訊，而照明製造商所發行的燈具產品型錄，就是最適合的工具。

產品型錄中會刊登有關燈具的資訊，包括燈具種類、耗電量、電壓數、其他相容的燈泡型號、色溫（燈光顏色）種類、選購的配件或安定器等個別販賣的零件、燈具尺寸、天花板開口尺寸、開燈時的光通量（光源在單位時間內能夠被人類眼睛感受到的有效光量）與照度[1]（每單位面積所接收到的光通量）以及價格等。

這些都是選擇照明燈具時不可或缺的資訊，因此若要實行照明計畫，就必須事先了解與閱讀這些資訊。

▌了解必須熟讀的重點

產品型錄刊登的資訊會頻繁地出現照明設計中重要的專有名詞及單位，如果沒有相關知識，就很難選擇正確的燈具。這些專有名詞或單位固然都是應該了解的重要觀念，不過還是應以熟讀產品型錄、理解使用要點為優先，才能在施工現場立即運用、熟練地操作這些燈具。此外，有些產品型錄會附帶介紹照明基礎知識的頁面，也可以做為參考。

對設計者來說，產品型錄是非常好的教材，熟讀型錄可說是照明計畫的第一步。然而，也不能只滿足於閱讀型錄，最重要的還是要保持眼見為憑的態度，盡可能親眼看看這些燈光，並且記住燈光帶給人們的感覺。此外，也不要忘記可依照建築物的需要，訂做型錄上所沒有的照明燈具。

譯注：1 一般而言，台灣的產品型錄不會附照度，而是發光強度，這是因為日本習慣使用照度，而台灣則是習慣使用發光強度來衡量

◆閱讀產品型錄的方法

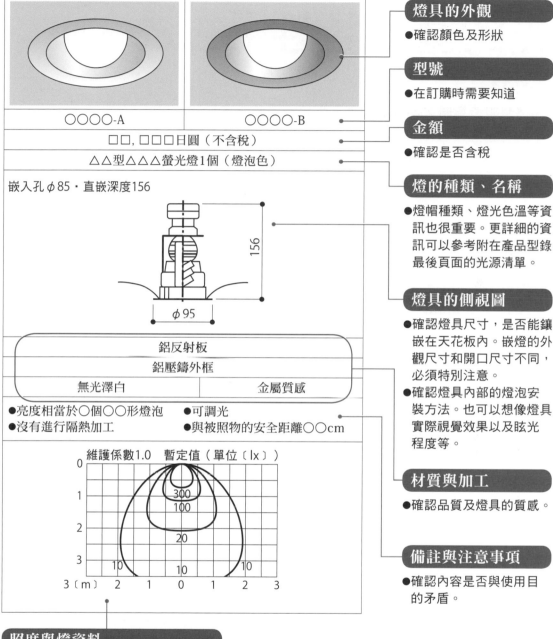

燈具的外觀
●確認顏色及形狀

型號
●在訂購時需要知道

金額
●確認是否含稅

燈的種類、名稱
●燈帽種類、燈光色溫等資訊也很重要。更詳細的資訊可以參考附在產品型錄最後頁面的光源清單。

燈具的側視圖
●確認燈具尺寸,是否能鑲嵌在天花板內。嵌燈的外觀尺寸和開口尺寸不同,必須特別注意。
●確認燈具內部的燈泡安裝方法。也可以想像燈具實際視覺效果以及眩光程度等。

材質與加工
●確認品質及燈具的質感。

備註與注意事項
●確認內容是否與使用目的矛盾。

照度與燈資料
●透過配光曲線確認光形分布及照度等。（▶P222）

其他重點
●必須確認選購的燈、安定器、變壓器等配件的規格
●必須確認聚光燈等可轉動燈具的可動部分的零件與可動範圍
●除了確認不同光源的照度及色溫外,也必須掌握燈的壽命及光通量等性質
●有些產品型錄可以藉由照片得知燈光的視覺效果

1 在照明計畫開始之前
2 照明計畫的基礎
3 住宅空間的照明計畫
4 燈具配置與光源效果
5 非居住空間的照明計畫
6 光源與燈具
7 文件與參考資料

005

光的基本特性

Point

光是指在自然界的電磁波中,人類眼睛可看見的波長電範圍。
這個波長區域稱為「可見光線」。

人眼能夠看見的光

光是指所有的電磁波中,有某些波長範圍的電磁波能夠刺激人類的視網膜,讓人感受到形狀與色彩,這個波長範圍就稱為可見光線。可見光的波長由長到短分別是「紅、橙、黃、綠、藍、紫」,其中,波長比可見光波線長一點的電磁波稱為紅外線,比可見光波線短一點的則稱為紫外線。

可見光是由從紅光到紫光等不同波長的光線混合而成,改變光線成分的比例,就能改變被照物在受到光照時產生的色彩印象。而光線的成分比例就稱為光譜分布。舉例來說,太陽光擁有從紅光到紫光相當平均的光譜分布,因此光線呈現白色。這個現象稱為加法混色,例如將同樣亮度的紅光、綠光、藍光(光的三原色)混在一起,就會形成白光。

消除紫外線、紅外線

從光源產生的除了可見光線之外,或多或少也會包含周邊的紫外線和紅外線。某些被照物如美術品、高級品等精緻物品,在被照明時,要盡量消除多餘的波長,必要時還需加裝照明燈具用的特殊濾鏡,來減輕這些多餘的不可見光對被照物帶來的不良影響。

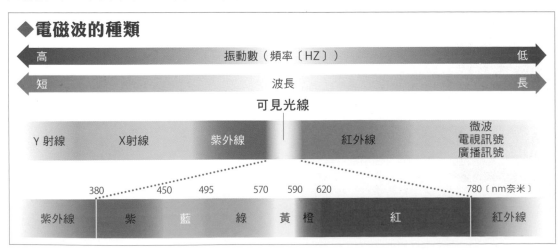

◆ **電磁波的種類**

| 高 | 振動數(頻率〔HZ〕) | 低 |
| 短 | 波長 | 長 |

可見光線

| Y射線 | X射線 | 紫外線 | 紅外線 | 微波 電視訊號 廣播訊號 |

380　450　495　570　590　620　　　780〔nm奈米〕

| 紫外線 | 紫 | 藍 | 綠 | 黃 | 橙 | 紅 | 紅外線 |

006

眩光

Point

眩光會讓人產生不舒服的感覺，
在進行照明計畫時必須思考如何減少眩光。

什麼是眩光

當強烈的光線如太陽光或車頭燈進入視野，會讓人感到刺眼、看不見別的東西，這種狀態就稱為眩光。眩光會讓人不舒服，因此在照明計畫中安排燈具的位置、或是調整照明的視覺效果時，要特別留意減少這種不舒服的感覺。

不過，也不是所有光源產生的光線都會讓人不舒服，如果是用很多體積小、光線也不會太強的光源一起閃爍，就能讓人有明亮又華麗的感受。燈飾就是利用這種方式營造出絢爛的效果。

眩光的種類

眩光可以分成直接眩光與間接眩光（反射眩光）兩種。直接眩光還可以分成失能眩光（目盲眩光）以及不適眩光。

失能眩光（目盲眩光）是指光源直接照進眼睛，造成雙眼難以視物的情況。例如夜間開車時，對向來車的車頭燈照進眼睛，使雙眼難以看清四周，就屬於失能眩光。

不適眩光是指光源讓人產生心理上的不適感。舉例來說，房間中安裝許多光源外露的照明燈具，就算光源沒有直接照進眼睛，也會因為與失能眩光產生心理上的連結而引起不適感。不過，只要使用附有格柵的照明燈具，即可防止不適眩光的產生。

間接眩光（反射眩光）是指物體受到光源照射而產生反光，使被照物體上的文字、圖形等變得難以閱讀或觀賞。

舉例來說，受到螢光燈照射的電視或電腦螢幕，會因為螢光燈的反射光而讓人看不清楚螢幕內的文字或影像。間接眩光是由於螢幕與視點、光源間的相對位置不佳而產生的，因此可以透過調整照明與被照物體的位置、或是選擇可以控制光源亮度的照明燈具來避免。

◆眩光的種類

●失能眩光（目盲眩光）

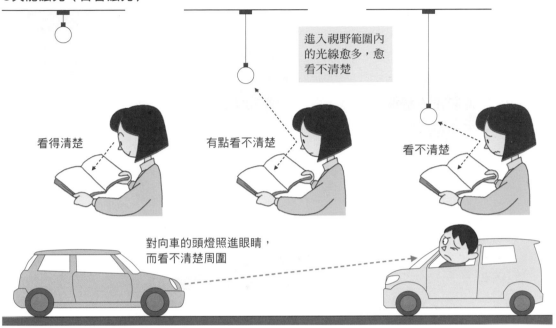

進入視野範圍內的光線愈多，愈看不清楚

看得清楚

有點看不清楚

看不清楚

對向車的頭燈照進眼睛，而看不清楚周圍

●不適眩光

刺眼

不刺眼了

●即使燈光沒有直接照進眼睛，還是會產生心理上的不舒適感

●使用附有格柵的燈具，就能讓人覺得不刺眼

●間接眩光（反射眩光）

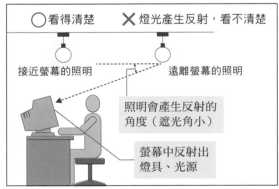

○ 看得清楚　✕ 燈光產生反射，看不清楚

接近螢幕的照明　　遠離螢幕的照明

照明會產生反射的角度（遮光角小）

螢幕中反射出燈具、光源

◆造成眩光增強的四種情況

1 四周黑暗，眼睛也適應了黑暗時

2 光源的亮度高時

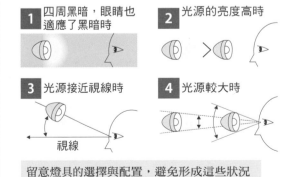

3 光源接近視線時

視線

4 光源較大時

留意燈具的選擇與配置，避免形成這些狀況

1 在照明計畫開始之前

2 照明計畫的基礎

3 住宅空間的照明計畫

4 燈具配置與光源效果

5 非居住空間的照明計畫

6 光源與燈具

7 文件與參考資料

007

色溫

Point

2,800K的燈泡光，能夠營造出「安心舒適的氣氛」；
6,700K的日光色，能夠營造出「清涼爽朗的氣氛」。

什麼是色溫

在節能導向下，愈來愈多的白熾燈泡被燈泡型螢光燈和LED所取代。燈泡型的螢光燈和LED都有各種光色可供選擇，如燈泡光、晝白光、日光色等，而用來表示光色差異的數值就是色溫，單位標示成K（凱氏溫標）。

光源的光色愈接近紅色則色溫愈低；愈接近白色則色溫愈高。如果我們在晚上觀察從住宅窗戶透出來的燈光，可以發現有些房間的燈光呈現橙色；有些則偏向白色，這就是因為室內燈光色溫不同的關係。

記住基準值

色溫不只可以用來表示燈泡的光色，也可以用來表示自然界光的光色。舉例來說，蠟燭光的色溫為1,920K、日出後或日落前天空的色溫為2,700K、一般的白熾燈泡色溫為2,800K、燈泡色螢光燈的色溫為2,800～3,000K、暖白光螢光燈的色溫為3,500K、白光螢光燈的色溫為4,200K、晝白光螢光燈的色溫為5,000K、正午的太陽光平均色溫為5,200K、日光燈的色溫為6,700K、陰天的天空色溫為7,000K、晴天的天空色溫為12,000K。

這些數值雖然不需要全部記下來，但是如果能夠記住蠟燭光、白熾燈泡、正午陽光等的色溫值，就能透過與這些基準值的比較，輕易判斷出照明的光色。

色溫與照度的關係

色溫是左右空間給人的印象的重要因素。舉例來說，色溫較低的暖色光如2,800K的燈泡光，能夠營造出安心舒適的氣氛；而涼爽的光色如6,700K的日光，則能夠營造出清涼、爽朗的氣氛。

此外，在相同照度（▶P28）下，色溫較高的燈光會給人較明亮的感覺，不過即使改變色溫，只要照度相同，刺眼程度也不會改變。

◆色溫

人工光源				自然光

人工光源					自然光
		12,000	12,000		晴天的光
		7,000	7,000		陰天的光
日光燈	6,700				
水銀燈（透明） 金屬鹵化燈		6,000			
			5,200		平均正午的陽光
晝白光螢光燈	5,000	5,000			
白光螢光燈	4,200	4,000			
螢光水銀燈 暖白光螢光燈	3,500				
鹵素燈泡	3,000	3,000			
燈泡光螢光燈 白熾燈泡	2,800				
			2,700		日出後或日落前的天空
蠟燭光	1,920	2,000			

◆色溫與空間的氣氛

低 ←――――――――― 色溫 ―――――――――→ 高

紅	黃 光色	白	藍白

色溫3,000K
暖光（燈泡光）
安心舒適的氣氛

色溫5,000K
自然光（晝白光）
自然的氣氛

色溫6,700K
冷光（日光色）
清涼的氣氛

◆色溫與照度的關係

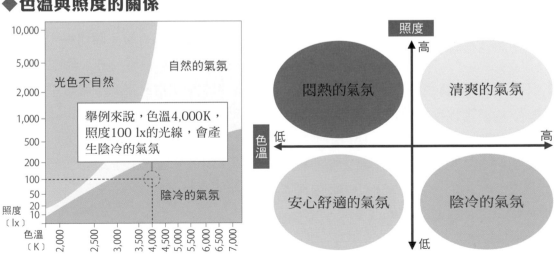

10,000
5,000
2,000
1,000
500
200
100
50
20
10
照度〔lx〕

自然的氣氛
光色不自然
陰冷的氣氛

舉例來說，色溫4,000K，照度100 lx的光線，會產生陰冷的氣氛

色溫〔K〕 2,000 2,500 3,000 3,500 4,000 4,500 5,000 5,500 6,000 6,500 7,000

照度
高

悶熱的氣氛   清爽的氣氛

色溫 低 ――――――――――――― 高

安心舒適的氣氛   陰冷的氣氛

低

1 在照明計畫開始之前

2 照明計畫的基礎

3 住宅空間的照明計畫

4 燈具配置與光源效果

5 非居住空間的照明計畫

6 光源與燈具

7 文件與參考資料

008

演色性

Point

演色性低不代表燈具的性能差，
而是要依照對象物或用途來判斷所需的演色性。

演色性

一般來說，物體的顏色指的是物體本身的色彩，我們常以為無論在什麼樣的情況下，物體本身的顏色都不會改變。但實際上，物體所呈現出的色彩會隨著不同色溫的燈光照射而變化。

舉例來說，如果用藍色的燈光照射白色的球，球的顏色看起來就帶著藍色；如果用紅光照射，看起來就帶著紅色。雖然這個例子有點極端，但是日常生活中的螢光燈或路燈等照明，也絕對不會表現出物體正確的顏色。

物體在燈光下的色彩再現性，即稱為演色性，以數值化來表達的話，稱為平均演色性指數（Ra）。

什麼是平均演色性指數

平均演色性指數可用來表示不同物體在一般光源的照射下、與使用標準光源來照射會產生多少色差。將物體在標準光之下呈現的色彩設為Ra100，光源造成的色差愈大時，數值就愈小，所呈現的顏色愈失真。反之，數值愈高時，表示色彩的再現性愈優秀。

但要留意的是，平均演色性指數並非用來表示人對色彩的感覺喜好與否。即使演色性低，也不代表燈具的性能差。在挑選燈具時最重要的應該是依照對象物或用途，判斷在照明時需要什麼樣的演色性。

需要高演色性的地方

在色彩必須正確呈現的場合，照明的演色性就很重要。例如正確地表現出食物原本的顏色，比較容易讓人對食品或料理產生食慾或購買慾；如果服飾店的演色性不佳，會發生購買後才發現衣服的顏色和在店裡看到的不同的情形。

相對的，辦公室或工廠就不需要這麼細緻的演色性。此外，在道路或公園等戶外空間，也比較重視光源的效率以及光束照射的距離，對演色性的需求反而較低。

◆演色性

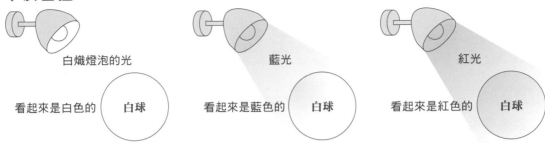

白熾燈泡的光	藍光	紅光
看起來是白色的 （白球）	看起來是藍色的 （白球）	看起來是紅色的 （白球）

◆商店的演色性

在燈光演色性不佳
的商店買衣服…

和在自然光之下看
起來顏色不一樣

在燈光演色性良好
的商店買衣服…

在自然光之卜也是
預期中的顏色

◆光源的平均演色性指數

	種類		平均演色性指數〔Ra〕
白熾燈泡	一般燈泡	100W	100
	球形燈泡	100W	100
	氪燈泡	90W	100
	鹵素燈泡	500W	100
螢光燈	螢光燈	白光 40W	64
	高演色型螢光燈	白光 40W	92
	省電型快速啟動螢光燈	白光 37W	64
	省電型三波長螢光燈	白光 38W	84
高強度氣體放電燈	水銀燈	透明 400W	23
	螢光水銀燈	400W	44
	金屬鹵化燈	400W	65
	金屬鹵化燈（高演色型）	400W	92
	高壓鈉燈	400W	28

◆演色性與用途的關係

光源種類	演色性等級	平均演色性指數範圍	用途	
			適用空間	可用接受的空間（範圍）
高演色型螢光燈 金屬鹵化燈（高演色型）	1A	Ra≧90	色彩檢查、美術館	—
三波長螢光燈 高演色型高壓鈉燈	1B	80≦Ra<90	住宅、旅館、商店、辦公室、醫院、印刷・塗裝・編織作業	—
一般螢光燈 金屬鹵化燈（高效率型） 演色改善型高壓鈉燈	2	60≦Ra<80	一般工廠	辦公室、學校
螢光水銀燈（螢光燈）	3	40≦Ra<60	粗重作業的工廠	一般工廠
高壓鈉燈 水銀燈（透明型）	4	20≦Ra<40		粗重作業的工廠

1 在照明計畫開始之前

2 照明計畫的基礎

3 住宅空間的照明計畫

4 燈具配置與光源效果

5 非居住空間的照明計畫

6 光源與燈具

7 文件與參考資料

009

光通量·發光強度·照度·輝度

Point

以上都是代表「光源亮度」的專有名詞，
均可轉換成數值來表示。

▌光通量

光通量是指光源發出的光量，數值愈大表示亮度愈高，單位表示為lm（流明）。

即使燈具的耗電量相同，光通量還是會隨著燈具的種類而改變，例如耗電量同為40W的白熾燈泡和白光螢光燈，光通量分別是485 lm和3,000 lm，相差了六倍以上。

▌發光強度

發光強度指的是光源朝某個特定方向發出的光線強度，以cd（燭光）為單位。

光源並非均勻地朝各個方向發出等量的光，不同方向的光線強度也各異，這是因為光源射向各個方向的光通量不同的緣故。

▌照度

照度的定義是光源照射在單位面積上的光通量，也就是從光源發出的光有多少落在某個特定表面上，單位表示為lx（勒克斯）。直射日光下的照度約100,000 lx，室內窗邊約為2,000 lx，相較之下，辦公室的燈具照度約為300～750 lx，太陽光與人工照明的差距一目了然。

▌輝度[1]

輝度是指光源本身或被照射面的明亮程度，單位為cd／m²（燭光／平方公尺）。人在不同方向或角度下觀看到的輝度各不相同，而即使照明的條件相同，不同物體的輝度也各有差異。

以燈罩中的燈泡為例，在能夠看到整個燈泡的角度以及燈泡被燈罩遮蔽的角度下，所感受到的明亮程度完全不同。此外，即使以同樣的光線照射，反射率低的黑色面的輝度也低於白色面。

光通量、發光強度、照度、輝度是光源亮度的代表性詞彙，只要掌握這幾個數值，就能抓住光源的特徵。

譯注：**1** 輝度（luminance）等同於亮度（brightness），台灣較常使用亮度一詞

◆光通量

●主要光源的光通量

光源		光通量〔lm〕
太陽		3.6×10^{28}
白熾燈泡	40W	485
白色螢光燈	40W	3,000
螢光水銀燈	40W	1,400
螢光水銀燈	400W	22,000

◆參考照度

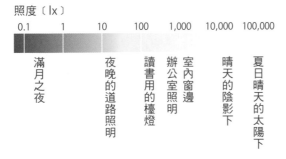

照度〔lx〕

0.1　1　10　100　1,000　10,000　100,000

滿月之夜

夜晚的道路照明

讀書用的檯燈

辦公室照明

室內窗邊

晴天的陰影下

夏日晴天的太陽下

◆參考輝度

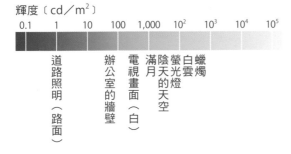

輝度〔cd／m²〕

0.1　1　10　100　1,000　10^2　10^3　10^4　10^5

道路照明（路面）

辦公室的牆壁

電視畫面（白）

滿月

陰天的天空

螢光燈

白雲

蠟燭

◆發光強度圖解

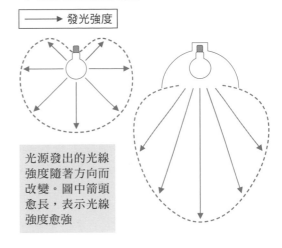

→ 發光強度

光源發出的光線強度隨著方向而改變。圖中箭頭愈長，表示光線強度愈強

●主要光源的發光強度

光源		發光強度〔cd〕
太陽		2.8×10^{27}
白熾燈泡	40W	40
白色螢光燈	40W	330
螢光水銀燈	40W	110
螢光水銀燈	400W	1,800

◆光通量・發光強度・照度・輝度的關係

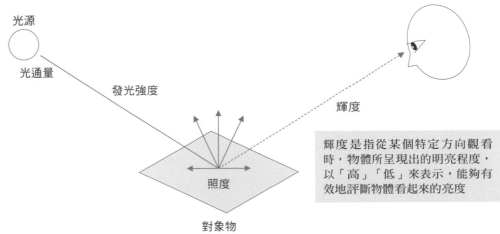

光源

光通量

發光強度

照度

對象物

輝度

輝度是指從某個特定方向觀看時，物體所呈現出的明亮程度，以「高」「低」來表示，能夠有效地評斷物體看起來的亮度

1 在照明計畫開始之前

2 照明計畫的基礎

3 住宅空間的照明計畫

4 燈具配置與光源效果

5 非居住空間的照明計畫

6 光源與燈具

7 文件與參考資料

010

照度基準

Point

照度被用來當成室內、外設置人工照明時的基準，
JIS（日本工業規格）規定了各種場合建議的照度。

JIS照度基準

JIS規定了各種場合建議的照度，做為規劃室內、外人工照明時的基準[1]。特別是辦公室工作區域或學校教室等，必須在一定亮度下才能從事活動的空間，照明燈具的數量及配置，都必須要參考這個基準。此外，由於照度能透過照度計很簡單就測量出來，因此在確認各種空間的亮度時，也要習慣使用照度來衡量。

基本上，照度愈高愈容易看清楚物體，因此，盡量提高照度是較安全的做法。但是要提高照度就必須增加照明燈具的數量，這麼一來購買燈具的費用及燈具耗電量也會隨之增加，成本也就跟著提高。不過，人們也不是一味地只追求明亮的空間，因此還是要依照各個設施及房間的使用狀況來設定最適當的照度。

由於JIS照度基準考量到燈具或光源的照度會隨著時間而衰減，因此設定出來的數值會較初期照度低20～30％左右。有時，JIS也會受到社會情勢或經濟狀況的影響而調整建議的照度。

照度根據室內的色彩而改變

照度代表測量面的亮度，因此不是只受光源亮度左右，即使在同樣的房間設置相同的光源，只要房間內的色彩改變，照度也會跟著不同。

舉例來說，在地板、牆壁、天花板都採用白色裝潢的房間測量到的照度，就高於採用黑色裝潢的房間。這是因為白色裝潢的光反射率較高，使測量點受到來自地板、牆壁、天花板的反射光影響。

照度最常以地面或桌面等水平面為測量基準，稱為水平照度；至於壁面或黑板面等垂直面的照度則稱為垂直照度。除此之外，還有與光源成直角面的照度，稱為法線照度。

譯注：**1** 台灣的照度參考值為CNS國家照度標準，請參見P250～252。

1 在照明計畫開始之前
2 照明計畫的基礎
3 住宅空間的照明計畫
4 燈具配置與光源效果
5 非居住空間的照明計畫
6 光源與燈具
7 文件與參考資料

◆JIS照度基準，以商店為例

照度〔lx〕	3,000	2,000	1,500	1,000	750	500	300	200	150	100	75
一般商店的共通物件	●最重點的陳列	—		●重點陳列 ●收銀機 ●手扶梯乘降口 ●包裝台	●電梯等候處 ●手扶梯	●一般陳列商品 ●諮詢室	●接待室	●洗手台、廁所、樓梯、走廊	—	●休憩室 ●店內全面照明	
日用品店（生活雜貨、食品等）		—		●重點陳列	●重點部分 ●店頭	●店內全面照明			—		
超級市場（自助式賣場）	●特別陳列部			●店內全面照明（市中心商店）	●店內全面照明（郊外商店）		—				
大型店（百貨公司、量販店等）	●櫥窗重點 ●展示 ●店內重點陳列	●服務台 ●店內陳列		●重點樓層全面照明 ●特賣會場全面照明 ●詢問處	●一般樓層全面照明	●高樓層全面照明					
服飾店（服飾、眼鏡、鐘錶等）	●櫥窗重點	—		●重點陳列 ●設計區 ●試衣間	●特殊陳列 ●店內全面照明				●特殊空間全面照明		
家用、藝文商品店（家電、樂器、書籍等）	●櫥窗重點 ●店頭陳設	●展示台上商品的重點		●店內陳列 ●詢問處 ●試用區 ●所有櫥窗陳列	●店內全面照明 ●不需有戲劇感的陳列				●需要展現戲劇感的陳列		
興趣、嗜好店（相機、手工藝、花藝、收藏品等）		—		●店內陳列的重點 ●現場操作 ●所有櫥窗陳列	●店內一般陳列 ●特殊陳列 ●諮詢區		●店內全面照明		●特殊空間全面照明		
生活用品專賣店（DIY、育兒、料理等）		—	●櫥窗重點	●展示	●諮詢區 ●店內全面照明						
奢侈品店（貴重金屬、名牌服飾、藝術品等）	●櫥窗重點	●店內重點陳列		●一般陳列	●諮詢區 ●設計區 ●試衣間		●接待區	●店內全面照明			

出處：JIS Z9110-1979（節錄）

◆照度依環境而改變

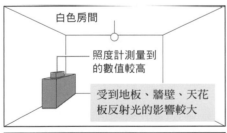

白色房間

照度計測量到的數值較高

受到地板、牆壁、天花板反射光的影響較大

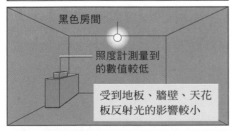

黑色房間

照度計測量到的數值較低

受到地板、牆壁、天花板反射光的影響較小

即使是大小、形狀、燈具、陳設完全相同的兩個房間，照度也會不同

◆測量照度的平面

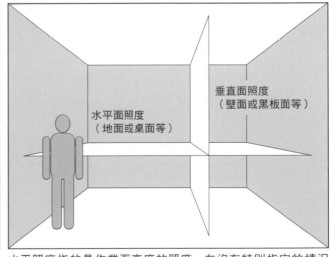

水平面照度（地面或桌面等）

垂直面照度（壁面或黑板面等）

水平照度指的是作業面高度的照度。在沒有特別指定的情況下，是指走廊或戶外的地板上方85cm處；若是坐在地上工作的情況，則是指地板上方40cm處

011

照度分布·測量

Point

透過照度分布圖來確認「光線均勻度」以及「光線配置的張力」。
實際照度可藉由手持式照度計來測量。

▎製作照度分布圖

要了解燈具的照度是如何分布的，可以利用類似等高線圖的方式來表現出光線分布的形態，製成照度分布圖。從圖中可以確認明亮程度、空間內的光線均勻度、以及光線配置的張力等。

照度分布圖必須由專業人員使用專門的電腦軟體來製作，但如果是簡易分布圖，也可以自行下載燈具廠商網站上的照度計算軟體來製作。此外，也可以委託燈具廠商製作。

無論使用哪種方法製作照度分布圖，都一定要將各燈具的配光特性數值化，不然就無法做成。如果使用的燈具無法取得配光特性的數值的話，可以暫時參考性能類似的產品。

或者，也可以參照產品型錄上標示的光束角（光線照射的範圍），以手繪的方式來製作簡易照度分布圖，以此做為參考資料也已經十分足夠。

在照明計畫中，開始著手製作照度分布圖時，表示基本設計階段已經大致完成，候補燈具的種類、數量及裝設方針等也已經決定好，現在正是透過照度分度圖來確認燈具的機能是否吻合。

▎利用照度計來測量照度

測量實際照度時，會使用手持式照度計。在照明器具都設置好之後，手持照度計很容易就能確認是否確實達到了所需照度，相當便利。

照度計除了在照明計畫完成時一定得用、以及在檢討階段會用照度計做各種照明實驗外，平常想要確認各種數值的照明體驗時、或是在接受業者的照明諮詢後要實地了解現場的照度情形時，都相當有用。把測量出的照度在圖面上記錄好，就可以做為之後的設計資料、好好活用。

◆照度分布圖

●天花板的螢光燈具配置間隔較大

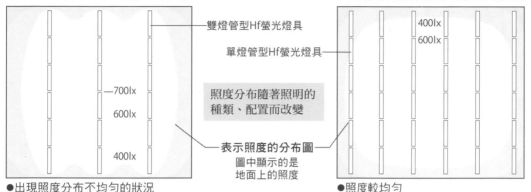

雙燈管型Hf螢光燈具

單燈管型Hf螢光燈具

照度分布隨著照明的
種類、配置而改變

表示照度的分布圖
圖中顯示的是
地面上的照度

—700lx

600lx

400lx

●出現照度分布不均勻的狀況

●天花板的螢光燈具配置間隔較小

400lx

600lx

●照度較均勻

◆從資料來看配光狀況

嵌燈D1（杯燈）

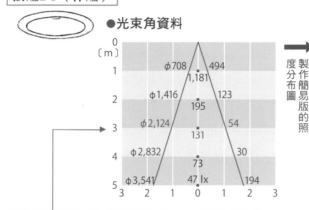

●光束角資料

```
0
〔m〕
1        φ708    494
              1,181
2        φ1,416   123
              195
3        φ2,124   54
              131
4        φ2,832   30
              73
5        φ3,541  47 lx   194
   3  2  1  0  1  2  3
```

製作簡易版的照度分布圖

由圖中可知，在距離燈光3m處，擴散範圍直徑
2,124mm的光束，中心部位的照度為131 lx，
周圍則為54 lx

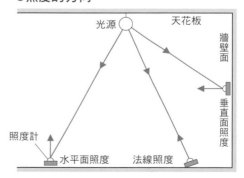

54lx
131lx
2,124mm
2m 2m 2m
D1 D1 D1 D1
2m
D1 D1 D1 D1
2m
D1 D1 D1 D1
6m
8m

這是在天花板高3m，面積6m×8m的房間
中，以每隔2m裝設D1嵌燈的情形。
參考光束角資料後，以D1的位置為中心，
使用圓規或圓形樣板尺畫出直徑2,124mm
的圓形即完成。透過此圖可以確認燈具配
置的適當間隔（因不考慮地板、壁面、天
花板的反射率，故只是概略值）

◆照度計的測量方式

●數位照度計

●測量水平面照度

●測量垂直面照度

●照度的方向

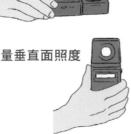

光源
天花板
牆壁面
照度計
垂直面照度
水平面照度
法線照度

1 在照明計畫開始之前
2 照明計畫的基礎
3 住宅空間的照明計畫
4 燈具配置與光源效果
5 非居住空間的照明計畫
6 光源與燈具
7 文件與參考資料

012

照度計算

Point

照度計算所能預測的只是「參考值」，不一定完全正確，
實際照度還必須考慮來自間接照明和外部光線的影響。

▌透過光通量法來計算照度

照度計算是為了確認所選擇的燈具數量及配置方式，能確實達到所需的照度。反之，也能夠從想要的平均照度計算出所需的燈具數量。

照度計算方式以光通量法為代表，是一種將燈具做等間隔配置、且採用全面照明，也就是燈光平均分布在整個空間的情況下求得平均照度。可以用下列的算式來求得平均照度，就簡單多了。

$$E= \frac{N \cdot \phi \cdot U \cdot M}{A}$$

E ：平均照度〔lx〕
N ：燈具數量
ϕ ：每個光源的光通量〔lm〕
U ：照明率
M ：維護率
A ：作業面的面積

每一個光源的光通量（ϕ）可參考照明燈具廠商的產品型錄上所記載的數值。維護率（M）可參考公佈的標準維護率，再根據燈具的種類及使用環境等來調整。至於照明率（U）則必須先求得室指數（指光源到作業面的照度比值），再參考各個燈具的照明率表來求得。

除非是採用全面照明的配置，否則，光通量法計算出來的照度都會與實際情況產生很大的誤差。不過，只要房間內有部分類似全面照明的環境，光通量法還是可以當做參考。

此外，雖然可以透過照度計算來進行照度預測，但實際照度還必須要考慮來自間接照明與外部光線的影響。不過，事先進行預測還是讓人比較放心。

▌點光源的情況

如果配置的是嵌燈或聚光燈等點光源，可以從照明燈具型錄中的配光曲線、或光束角中，得知照度做為參考。

◆平均照度的計算方法

例題

若想在寬8m、長12m、天花板高2.7m的大型房間中，裝設如右圖的天花板嵌入式螢光燈（下方開放型、FHF32W×雙燈管）16個，每個燈管光通量4,500 lm，請問作業面高70cm處的平均照度為何？

螢光燈　FHF32W×2
畫白光　4,500lm
高輸出固定型

❶從維護率表求得維護率

●標準維護率（M）表

光源		螢光燈			白熾燈泡		
燈具		良好	普通	不良	良好	普通	不良
露出型	🔆 🔆	—	—	—	0.91	0.88	0.84
	▭ ▭	0.74	0.70	0.62	—	—	—
下方開放型	▭ ◠	0.74	(0.70)	0.62	0.84	0.79	0.70
簡易密閉型（附罩蓋）	▭ ◠	0.70	0.66	0.62	0.79	0.74	0.70
安全密閉型（附橡皮墊）	⛭	0.78	0.74	0.70	0.88	0.84	0.79

原注：
①維護率0.70是指照明燈具使用一段時間後，照度衰減的標準係數。
②「良好・普通・不良」是指燈具可以使用的環境及清潔狀況。

❷從照明率表求得照明率

首先，求出室指數（K）

例題中，沒有提供所需的照明率（U）資訊，為得到照明率，必須先求出室指數（K）。

●求出室指數（K）的計算公式

$$K = \frac{X \cdot Y}{H(X+Y)}$$

K：室指數
X：房間寬度〔m〕
Y：房間長度〔m〕
H：從作業面到照明器具的高度〔m〕

$$\frac{8 \times 12}{(2.7-0.7) \times (8+12)} = \textbf{2.4} \quad 室指數$$

求出室指數（K）後，從照明率表中找出照明率。例題中的室指數（K）相當於2.50。

可使用型錄上刊登的照明率表，或請廠商提供。

接著，推測地板、天花板、牆壁大致的反射率。

●照明率表

	地板	20%			0
反射率	天花板	60%			0
	牆壁	50%	30%	10%	0
室指數	0.70	0.33	0.29	0.26	0.25
	1.00	0.41	0.37	0.35	0.33
	1.25	0.45	0.42	0.39	0.37
	1.50	0.48	0.45	0.42	0.40
	2.00	0.52	0.49	0.47	0.44
	2.50	0.54	(0.52)	0.50	0.46
	3.00	0.56	0.54	0.52	0.48

假設例題中地板的反射率為20％、天花板為60％、牆壁為30％，那麼照明率（U）為0.52

❸求得平均照度

$$E = \frac{N \cdot \phi \cdot U \cdot M}{A} = \frac{(16台 \times 2管) \times 4,500\,lm \times 0.52 \times 0.7}{8m \times 12m} = \frac{52,416}{96} = \textbf{546}\,〔lx〕$$

這個房間的平均照度為

相反地，也可以從平均照度逆行推測出所需的燈具數量

1 在照明計畫開始之前
2 照明計畫的基礎
3 住宅空間的照明計畫
4 燈具配置與光源效果
5 非居住空間的照明計畫
6 光源與燈具
7 文件與參考資料

013

光源的種類

Point

使用頻率高的燈，最好先記住基本特徵與規格。

代表性的光源

我們現在一般使用的照明，起源自一八七九年愛迪生發明的碳燈泡，已經有一百三十年左右的歷史。在此之後，人們開發出各式各樣的燈，發展出多種實用化的產品。

目前主要使用的光源大致可分為兩類，利用溫度放射原理發光的「白熾燈泡」，以及利用放電原理發光的「螢光燈」、「高強度氣體放電燈（HID燈）」、「低壓鈉燈」。而這兩大類之下又有多種次分類，包括「鹵素燈」、「金屬鹵化燈」、「高壓鈉燈」等等。

除此之外，近年來新開發的幾種光源也相當受到矚目，如「LED燈」、「無極燈」、「OLED燈」等等。

記住基本特徵

各式各樣的光源，從形狀大小、安裝的接頭種類等的外型特徵，到光色、演色性、光通量、使用壽命、瓦數、發光效率、發熱量、可不可以調光等等，都不盡相同。了解了這些特徵，對於挑選符合使用需求的照明設備非常重要。

挑選燈具時，絕大多數都會使用照明廠商提供的產品型錄，只是翻開型錄一看，光源的種類之多、多樣的特徵，往往令人驚訝而無從下手。此時切記，要一項一項地比對型錄中記載的光色、演色性、光通量、使用壽命、瓦數、發光效率等等數值，這些才是挑選燈具的檢視要點。

在理解各種光源基本性質的差異後，再對數值進行比較，就可選擇出最適合的燈。此外，有些燈的使用頻率較高，如果能夠事先記住這些燈的基本特徵與數值，做計畫時就更方便了。至於各種燈的特徵，請參考「燈與燈具」（▶P205）。

◆光源的種類

人工光源 ─┬─ 溫度放射 ── 白熾燈泡 ─┬─ 一般照明用燈泡
         │   └─ 鹵素燈泡
         └─ 放電 ─┬─ 螢光燈 ──────── 螢光燈
                  ├─ 高強度氣體放電燈 ─┬─ 高壓水銀燈
                  │   ├─ 金屬鹵化燈
                  │   └─ 高壓鈉燈
                  └─ 低壓鈉燈

◆光源的特徵

	基本說明	種類		特徵	主要用途
白熾燈	●接近點光源，發光容易控制 ●演色性佳，是溫暖的白光 ●容易點亮，也能瞬間點亮，不需要安定器 ●可連續調光 ●小型、輕量、低價 ●受周圍溫度影響較小 ●光通量衰減量低 ●較少閃爍 ●低光效、壽命短 ●高紅外線 ●玻璃燈泡溫度高 ●電源的電壓轉換會影響壽命、光通量	一般照明用燈泡		有白色霧面燈泡及透明燈泡	住宅及商店的一般照明等
		球狀燈泡		有白色霧面燈泡及透明燈泡	住宅、商店、餐飲店等
		反射型燈泡		附有鋁蒸度反射膜，集光性佳，也可降低紅外線	住宅、商店、工廠、招牌照明等
		小型鹵素燈泡		主要附有紅外線反射膜，光源色調佳，並可降低紅外線	商店、餐飲店的聚光照明或嵌燈等
		鹵素杯燈		可與反射燈杯結合，配光控制容易，也可降低紅外線	商店、餐飲店的聚光照明或嵌燈等
螢光燈	●高光效、高壽命 ●光源色彩種類豐富 ●低輝度、擴散光 ●可連續調光 ●玻璃燈管溫度低 ●需要安定器 ●單位長度的通光量少 ●受周圍溫度影響 ●不容易控制光線 ●多少會閃爍 ●有高頻雜訊	省電燈泡		可代替燈泡使用，內建安定器，付有燈泡式燈帽	住宅、商店、旅館、餐飲店等的嵌燈
		啟動器型螢光燈		需透過啟動器及安定器來點亮	住宅、商店、辦公室、工廠等的一般照明，高演色型可用於美術館
		快速啟動型螢光燈		不需透過啟動器即時點亮	辦公室、工廠、商店等的一般照明
		Hf（高頻點燈專用）螢光燈		需透過高頻點燈專用安定器點亮，效率佳	辦公室、工廠、商店等的一般照明
		緊密型螢光燈		為U型管或雙U型管的小型燈	商店等的基礎照明或嵌燈等
高強度氣體放電燈（HID燈）	●高光效，高壓鈉燈光效最高 ●壽命長，但金屬鹵化燈壽命稍短 ●光通量高 ●接近點光源，容易控制配光 ●不易受周圍溫度影響 ●需要安定器，初期費用高 ●玻璃燈管溫度高 ●啟動、重新啟動時間較長	螢光水銀燈		透過水銀發光及螢光粉來補足紅光	公園、廣場、商店街、道路、天花板
		金屬鹵化燈		利用銃及鈉來發光，效率佳	挑高的工廠、招牌照明等
		高演色性金屬鹵化燈		接近自然光，有鏑系及錫系兩種	商店的嵌燈、運動設施、玄關、大廳等
		高壓鈉燈		使用透光性氧化鋁發光管，發出橙白色光	道路、高速公路、街道、運動設施、天花板挑高的工廠等
低壓鈉燈	●單色光 ●光效最高的光源	鈉燈		透過U形發光管，發出鈉D線的橙黃色光	隧道、高速公路等

出處：參考《照明基礎講座教科書》（（社）照明學會）製作

1 在照明計畫開始之前
2 照明計畫的基礎
3 住宅空間的照明計畫
4 燈具配置與光源效果
5 非居住空間的照明計畫
6 光源與燈具
7 文件與參考資料

014

發光效率

Point

發光效率數值愈高，代表在達到同樣亮度的情況下，耗電量較低，
也就是節能效果好。

▌什麼是發光效率

發光效率是燈的亮度與耗電量的比值。更精準地說，就是燈的光通量對耗電量的比值，單位表示為lm／W（流明／瓦）。發光效率的數值愈高，代表在達到同樣亮度的情況下，所需消耗的電量較低，也就是節能效果較好。

舉例來說，40W白熾燈泡的光通量為485 lm，換算成發光效率就是12 lm／W（485／40）。另一方面，耗電量相同的40W直管型白光螢光燈光通量為3,000 lm，換算成發光效率是75 lm／W（3,000／40），是白熾燈泡的六倍以上。也就是說，40W直管型白光螢光燈的亮度是40W白熾燈泡的六倍，反過來看，螢光燈只需要消耗40W白熾燈泡六分之一左右的電力，即可達到相同的亮度。

此外，替代白熾燈泡的燈泡型螢光燈（省電燈泡），只需耗費12W的電力就可以達到相當於60W白熾燈泡的亮度，因此發光效率為67.5 lm／W，是白熾燈泡的4.5倍，性能也很優異。

▌發光效率與演色性

在追求節能的現今，可以想見有愈來愈多的白熾燈泡被螢光燈等其他燈具所取代。在選擇替代的光源時，必須依照使用需求來評估，而發光效率及演色性就是最容易理解、效果最好的判斷指標。色溫、光通量、發光強度、照度、輝度等雖然也很重要，但是與燈泡價值卻沒有直接的關係。舉例來說，使用者的喜好、燈具使用的空間及場所、用途都會影響色溫的選擇，因此什麼樣的色溫較好，在不同的空間中不可一概而論。

此外，發光效率及演色性並不是愈高愈好，譬如白熾燈雖然發光效率差，但若以人的心理感受來評斷的話，白熾燈給人溫暖、穩定等感覺，能夠給予螢光燈或金屬鹵化燈所沒有的優點，因此在選擇燈具時也必須先了解這點。

◆主要光源的發光效率

光源種類		發光效率 〔lm/W〕	綜合效率 （包含安定器耗損的能量） 〔lm/W〕
白熾燈泡	100W	15	15
鹵素燈泡	500W	21	21
螢光燈（白光）	36W	83	75
螢光燈（3波長形）	36W	96	87
Hf螢光燈	45W	100	91
螢光燈（白光）	100W	90	80
HID燈 螢光水銀燈	400W	55	52
金屬鹵化燈	400W	95	90
高壓鈉燈	360W	132	123

◆發光效率比較

白熾燈　　　　　　　　　　　省電燈泡

亮度相當於 60W

	白熾燈	省電燈泡	
耗電量	54W	12W	電費也節省 **4.5倍**
光通量	810lm	810lm	
發光效率	15lm／W	67.5lm／W	

發光效率 **4.5倍**

◆發光效率與演色性

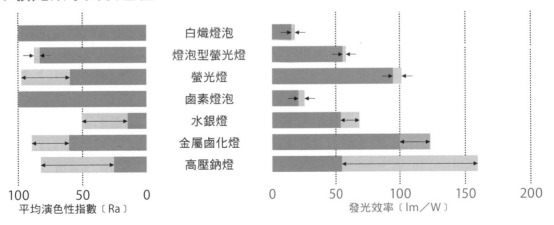

白熾燈泡
燈泡型螢光燈
螢光燈
鹵素燈泡
水銀燈
金屬鹵化燈
高壓鈉燈

100　　50　　0
平均演色性指數〔Ra〕

0　　50　　100　　150　　200
發光效率〔lm／W〕

注：數值會根據規格而異，其差距用箭頭表示

●螢光燈與金屬鹵化燈，發光效率和演色性都很優
●白熾燈及鹵素燈泡演色性雖優，但發光效率卻很差
●水銀燈兩方面表現都不好

1 在照明計畫開始之前
2 照明計畫的基礎
3 住宅空間的照明計畫
4 燈具配置與光源效果
5 非居住空間的照明計畫
6 光源與燈具
7 文件與參考資料

構成設計概念

Point

在構成照明的設計概念時，
比起草圖的完成度，更重視能提出多種的計畫。

構成設計概念

構成光的設計概念時，與其畫出完成度高的草圖，不如多提出幾項計畫。

概念的思考方法

在構成照明的設計概念時，如果建築師或室內設計師在空間的設計階段，對光的呈現方式已有想法的話，以這個想法的速寫、或發想筆記為核心、順著進行就可以了。

相反的，若沒有什麼想法的話，就得從頭檢視空間建築和室內設計的概念，從中找出能與照明的概念相連結的要素。

再者，與照明設計師討論的時候，除了說明自己想要的設計概念外，也得一邊聆聽、參考對方的想法，這樣才能一同整合構成出設計概念。

不過，不論是哪一種情形，大抵都是在空間的基本設計已大致完成時，才會開始著手構成照明的設計概念。

傳達光的情境

要讓發案者容易了解、認同照明的設計概念，盡可能使用簡單的語彙、關鍵字、或以文章描述，是不二法門。遇到難以用精準明確語彙表達的、或換個方式說就無法清楚了解的情形，也別介意借用圖像來進行說明。

在傳達光的情境時，利用展開圖、剖面圖、透試圖等的速寫都很容易讓對方了解。其中，由於剖面圖傳達的尺度感很好懂，能輕易傳達出空間、人和光的關係，傳達的效果最好。若是要表達多個空間、或建築物整體呈現出的照明效果，使用平面圖的效果也很好。

至於用來做為平面圖而繪製的燈光分布圖，一直到設計作業結束為止，不管是在檢討設計概念、或是取得案主認同上，都很有用。

要特別提醒的是，在構成設計概念的階段要以簡要的速寫傳達設計概念，這時，與其畫得精細，還不如將心思花在多提出幾種設計想法。

總之，構成照明的設計概念，正是要利用這些能帶出視覺感的資料，經由溝通、檢討，將空間內光的質、量、與作用等想像描摹出來，由此，才能引導到具體的討論上，這是相當重要的。

◆思考概念的方法

照明的想法

⬇

速寫或筆記

⬇

當成概念的核心

建築大致的基本設計決定後，開始
著手進行概念設計

◆構成設計概念的重點

1 自由發想

可將建築設計或室內設計的概念與
照明概念做結合

2 也要評估費用

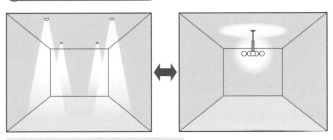

確認燈具的初期費用及運作費用

3 從關鍵字思考

療癒⟷刺激
日常⟷非日常
沉穩⟷活潑
簡潔⟷豪華

有具體的關
鍵字就容易
獲得共鳴

4 確認尺度

在檢討設計概念時，
會利用剖面圖、展開
圖及透視圖，同時也
藉此確認尺度

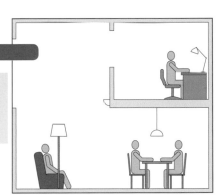

5 燈光分布圖

利用平面圖做出燈光分
布圖，容易獲得共鳴

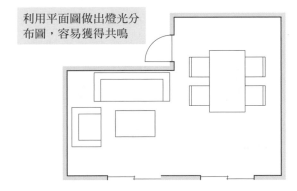

6 收集各種照明圖像

從雜誌或型錄等印刷品中收集照明圖像，
對於構成設計概念很有幫助

1 在照明計畫開始之前

2 照明計畫的基礎

3 住宅空間的照明計畫

4 燈具配置與光源效果

5 非居住空間的照明計畫

6 光源與燈具

7 文件與參考資料

016

照明的基本設計

Point

在選擇燈或燈具時，
必須先決定性能及規格，而非製造商及產品型號。

基本設計為何

照明的基本設計是指一邊利用設計圖來確認空間的高度、面積、連續性等，一邊思考照明的配置方式，然後依據構成設計概念階段所繪製的燈光分布圖為基礎，為實現概念中的照明情境而選擇燈具、考量配置等相關事項的檢討。

燈具的選擇方式

選擇燈具時，首先必須設定色溫及照度，構成出配光情境，並且推想有哪些燈能夠具備實現這個情境的性能。這時考量的不只是外觀，光源的更換方式、熱輻射、調光、演色性、花費等也必須綜合評估。接著，選擇能夠安裝這些光源的燈具種類。在挑選時不只是能發出想要的光就好，也要一併考慮建築或室內設計的條件，燈具本身也屬於室內設計的一部分，在視覺上是否要特別凸顯等等。

在基本設計階段選擇燈具的重點，並非製造商或型號，而是性能及規格。只要決定好性能及規格，即使因為成本調整而需要更換燈具，也能夠在不影響設計概念的情況下進行。

燈具的配置方式

此時，也可著手進行燈具配置。燈具配置必須留意到立燈等可動式照明；另外，想像來自牆壁及天花板等平面的反射光也非常重要。

在繪製設計圖時，將設置在天花板及其附近的燈具畫在天花板反射圖上；設置在地板及其附近的燈具則畫在平面圖上，即可避免混淆。

燈具的配置計畫完成後，必須再進行配線計畫。電氣設備公司在設計或施工時所繪製的電氣設備圖，多半為了能夠鉅細靡遺地描述配線的細節，而將所有資訊畫在天花板反射圖上。然而，照明配置圖要考量的卻是如何正確地傳達照明計畫的意圖，概念與電氣設備圖完全不同。

◆基本設計的進行方式

從概念設計階段所繪製的速寫等資料來進行基本設計

選擇燈具

一邊看產品型錄，一邊決定性能及規格

●燈的種類

色溫
照度
配光
更換方式
熱
是否可調光
演色性
花費……等

●燈具的種類

燈具本身顯眼／不顯眼
花費
嵌燈
聚光燈
間接照明
裝飾照明……等

●建築及室內設計的
　狀態、條件

安裝場所
埋入天花板
直接安裝
天花板內的空間……等

大部分的情況下，都可以找到
多款能夠展現照明印象或效果
的燈具，一開始可以依照喜好
或預算，挑出數款候補產品

燈具配置

參考照明手法或採用的燈具，
來考量設置的位置

●平面圖

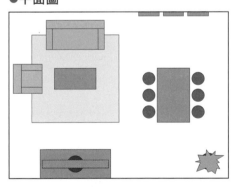

照明燈具在照明配置圖中一般以符號來
表示。雖然不需要等比例畫出實際尺寸，
但若以相近的尺寸來繪製可以減少圖面
錯誤。尤其是像螢光燈這種長條型光源，
最好能夠表現出近乎正確比例的長度。
另外，也盡量將燈具的配置畫在正確的
位置上，在進行設計及施工階段再做最
後調整

●天花板反射圖的照明配置圖

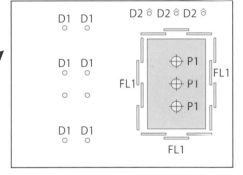

●地板平面圖的照明配置圖

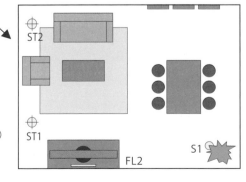

D1：嵌燈
D2：可動式嵌燈
P ：吊燈
FL：螢光燈
　　（間接照明）
ST：立燈
S1：聚光燈

1 在照明計畫開始之前

2 照明計畫的基礎

3 住宅空間的照明計畫

4 燈具配置與光源效果

5 非居住空間的照明計畫

6 光源與燈具

7 文件與參考資料

017

施作設計・施工階段

Point

在燈具的規格資料上也寫下燈的「色溫」「光束角」等設定，
避免施工時出錯。

▌施作設計的方法

照明計畫的施作設計，最好是在建築或室內的施作設計完成時，也能一併完成。在實際作業上，此時會重新評估預算，配合預算更改設計，並且就變更設計後適合的燈具進行全面性的檢討，修正燈具列表及規格資料，再配合這些修正調整配置計畫。此外，決定正確的設置位置時，也必須考慮建築物結構、天花板內部的構造、以及與照明以外的設備機器之間的平衡等。將這些考量都整合起來，然後製作詳細的燈具安裝圖。

在燈具的規格資料上，必須清楚明瞭地整理出必要資訊，同時設定好螢光燈或HID燈的色溫、聚光燈型燈具或燈的光束角（光線照射的範圍）等等。這些都攸關照明設計效果的重點，正確地標示這些設定可以防止在施工時出錯。此外，也不要忘記配合最後定案的圖面內容來修改標示內容。

▌施工階段的重點

到了施工階段，在工地討論建築設計或室內設計時，也必須同時進行照明設計的討論。因為照明的位置即使只有些微差異，也會大幅影響呈現的效果。尤其是間接照明，光線照射範圍很容易受到燈具裝設方式的影響。

為了防止這種情形，使用詳細的燈具安裝圖來正確地傳達設計意圖相當重要。舉例來說，可以使用實體模型（mock-up）與施工者一起思考更好的燈具設置、安裝方式。

此外，指定燈具或訂做燈具在施工階段，都要再做最後的訂單確認，並且將產品送到工地。在下訂單前有時會先請廠商提出產品承認圖，這時必須確認各項內容細節是否正確，在更正錯處之後再行批准，並以此圖為基準正式下訂單。

◆施作設計的作業

●為了調整成本而重新評估燈具列表和標示內容

| 評估前 |

區域	記號	燈具種類	光源	W	數量	總耗電量〔W〕	器具 製造商	器具 型號	價格 單價(日圓)	價格 合計
客廳	D1	基礎嵌燈	付罩蓋鹵素燈65W	65	8	520	A公司	xxxxxxx	12,000	96,000
	FL2	間接照明	隱藏式螢光燈（調光）	39	1	39	B公司	xxxxxxx	20,000	20,000
	ST1	立燈	白熾燈泡60W×3	180	1	180	C公司	xxxxxxx	60,000	60,000
	ST2	立燈	白熾燈泡40W	40	1	40	D公司	xxxxxxx	40,000	40,000
飯廳	D2	可動式嵌燈	付罩蓋鹵素燈50W	50	3	150	A公司	xxxxxxx	14,000	42,000
	FL1	間接照明	Hf螢光燈（調光）	32	18	576	B公司	xxxxxxx	18,000	324,000
	P1	吊燈	白熾燈泡40W	40	3	120	E公司	xxxxxxx	15,000	45,000
	S1	聚光燈	LED 3W	3	1	3	A公司	xxxxxxx	16,000	16,000

| 評估後 |

區域	記號	燈具種類	光源	W	數量	總耗電量〔W〕	器具 製造商	器具 型號	價格 單價(日圓)	價格 合計
客廳	D1	基礎嵌燈	付罩蓋鹵素燈65W	65	8	520	F公司	xxxxxxx	8,000	64,000
	FL2	間接照明	隱藏式螢光燈（調光）	39	1	39	B公司	xxxxxxx	20,000	20,000
	ST1	立燈	白熾燈泡60W×3	180	1	180	G公司	xxxxxxx	30,000	30,000
	ST2	立燈	白熾燈泡40W	40	1	40	G公司	xxxxxxx	20,000	20,000
飯廳	D2	可動式嵌燈	付罩蓋鹵素燈50W	50	3	150	F公司	xxxxxxx	9,000	27,000
	FL1	間接照明	Hf螢光燈（調光）	40	18	720	F公司	xxxxxxx	14,000	252,000
	P1	吊燈	白熾燈泡40W	40	3	120	E公司	xxxxxxx	15,000	45,000
	S1	聚光燈	LED 3W	20	1	20	F公司	xxxxxxx	9,000	9,000

> 若基本設計內容有所改變，盡量在不影響燈具及光源的性能、規格的情況下調整花費。

●決定設置位置

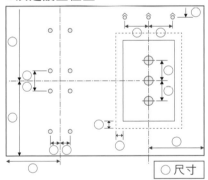

○尺寸

在基準線或燈具的位置等處寫上尺寸

●設定光束角

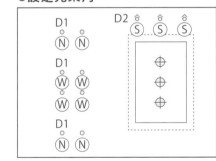

記號	光束角
Ⓢ	狹角 10度
Ⓝ	中角 20度
Ⓦ	廣角 30度

如果指定了燈的光束角，也清楚地寫在圖面上

◆施工階段的實物模擬

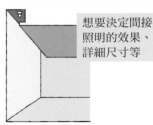

想要決定間接照明的效果、詳細尺寸等

➡ 針對重點部分製作同實物大的模型

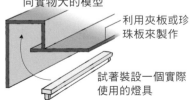

利用夾板或珍珠板來製作

試著裝設一個實際使用的燈具

確認光線分布、視覺效果等等

1 在照明計畫開始之前
2 照明計畫的基礎
3 住宅空間的照明計畫
4 燈具配置與光源效果
5 非居住空間的照明計畫
6 光源與燈具
7 文件與參考資料

018

最後調整・投光方向

Point

調整投光方向，能夠營造出符合設計的照明情境，提高照明設計的完成度。

▌最後調整的確認事項

照明燈具安裝完成後必須進行最後調整，以確認各個燈具是否依照設計或討論結果正確地裝設。主要確認下列幾點：

①光源的色溫是否符合設定數值？

②聚光燈具或光源的光束角是否符合設定數值？

③間接照明燈具和光源是否裝設在適當位置，並且巧妙地隱藏起來以免被看見？

④是否達到需求的照度？

⑤燈光效果是否如同預期？

⑥色溫與照度的搭配效果好嗎？

⑦空間中各燈具的造型是否達到預期效果？

⑧燈具的性能是否符合期待？

如果燈具安裝、設定不良，或是有不符合期待的部分，就必須向業主說明，並且在獲得業主的諒解後思考解決方案。

如果是業主主動要求針對這些部分進行說明，也最好能以設計的原意及結果為基礎，涵蓋預算及完工期限等內容進行討論。

▌調整投光方向提高完成度

最後還要調整投光方向，把光源依據設計正確地投向藝術品、植物、家具等物品上。通常在裝設了像聚光燈等能夠轉動投光方向的燈具時，都會需要進行調整，也稱為聚焦、打光。這部分也可以事先委託燈具公司、或燈具製造商來做。商店、和餐飲店等，使用聚光燈和可動式嵌燈的情形相當多，光的投射方式攸關著店內氛圍，調整投光也就變得極為重要。若是選擇鹵素杯燈之類、可調整燈本身配光角度的燈具，就可以在需要變化時自行調整。

此外，即使是住宅也可以透過調整投光方向，來提高照明設計的完成度。

◆在工地進行最後調整

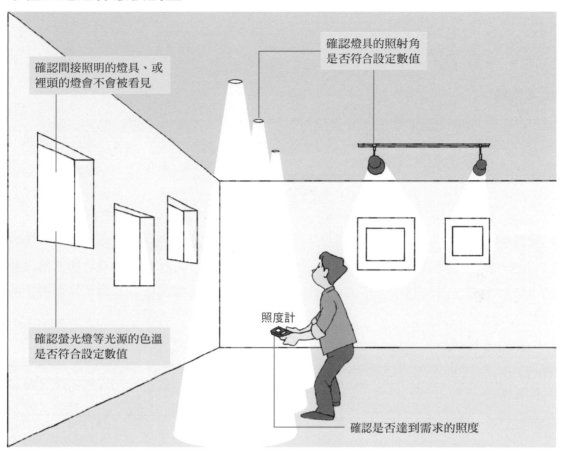

確認間接照明的燈具、或裡頭的燈會不會被看見

確認燈具的照射角是否符合設定數值

照度計

確認螢光燈等光源的色溫是否符合設定數值

確認是否達到需求的照度

◆調整投光方向

●聚光燈　　　●可動式嵌燈

畫

商品

依照設計，讓光線完美地照射在對象物上。這時也能調整光束角

1 在照明計畫開始之前

2 照明計畫的基礎

3 住宅空間的照明計畫

4 燈具配置與光源效果

5 非居住空間的照明計畫

6 光源與燈具

7 文件與參考資料

019

簡報說明

Point

利用圖像資料清楚表達「光的氣氛」，
並且盡量到照明燈具展示中心確認實際商品。

▌概念階段

照明計畫的簡報時機多是在概念階段、及基本設計階段為主，不過在其他時候也有可能進行。

如果是在概念階段進行簡報，必須準備想法筆記、速寫、情境照片等關鍵字或圖像資料，讓業主更容易產生共鳴。此外，也可以視建築設計或室內設計的進行狀況，製作燈光分布圖、立面圖及透視圖等能夠傳達照明情境的圖面資料。

使用這些資料來進行簡報時，重點在於表現出燈光氣氛，這時可以透過各式各樣的方法呈現。只要表現力佳，即使是手繪速寫也可能達到比寫實CG（電腦繪圖）更好的效果。

此外，為了要讓在場的人都能對完成後的效果有一致的印象，簡報時提出收集的雜誌或目錄上的照片也是不錯的方法。這時可以加上標題或說明文字，以便讓聽眾了解照片想要表達的內容。

▌基本設計階段

到了基本設計階段，可能會進行照度計算，製作照度分布圖。在需要取得多數人同意的情況下，也可能需要使用電腦的3D軟體來製作燈光模擬CG或模型等。如果使用CG來模擬裝潢表面質感、材質的反射率、光源發出的光量及配光等，就能提升簡報的精確度。以CG模擬照明的方法中，光跡追蹤法[1]及熱輻射能量算圖法[2]等都能更加寫實地模擬照明狀況。不過，CG會提高基本設計的成本，而電腦畫面的明暗、以及列印出來的色調也會影響畫面給人的印象。

使用電腦來製作基本設計的簡報內容，雖然具有容易理解的優點，但是只能做為參考。如果是重要的燈具，仍必須親自到燈具的展示中心，確認商品的實際照明情況。

譯注：**1** 光跡追蹤法（Ray tracing）是一種3D電腦繪圖的特殊渲染演算法，能夠追蹤光的傳播路徑，利用環境中光線的反射，模擬現實世界的物理現象。
2 熱輻射能量算圖法（Radiosity）也是一種3D電腦繪圖的演算法，將光線以輻射方式進行計算，接收與反射的光線在空間中能夠達成平衡，做出逼真的影像。

◆簡報資料

●燈光分布圖

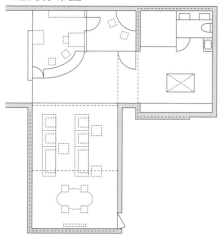

●光的情境速寫

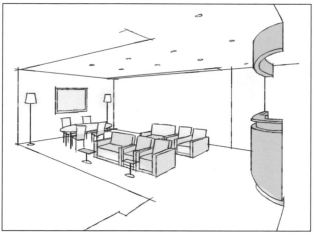

●光的情境照片

●以CG（電腦繪圖）模擬實景

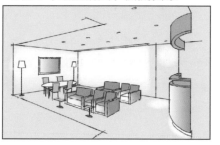

●照度分布圖

●照明燈具配置板

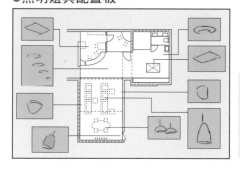

製作這些圖像
資料，盡可能
清楚地表達出
照明的氣氛及
效果等印象

◆確認實際燈具的效果

如果是重要的燈具，一定要到燈具的展示中心確認實際商品

在工地現場測
試照明燈具，
也能達到效果

1 在照明計畫開始之前

2 照明計畫的基礎

3 住宅空間的照明計畫

4 燈具配置與光源效果

5 非居住空間的照明計畫

6 光源與燈具

7 文件與參考資料

020

配線計畫・照明開關

Point

住宅的配線計畫，
是在「電路該如何安排才能讓日常生活更便利」的想像之中完成。

▍製作配線計畫圖

在進行照明計畫的基本設計時，除了完成燈具的配置計畫，也要同時進行配線計畫，並且在配線計畫圖（▶242）中標明照明開關的所在位置、以及開關所能控制的照明群組。

作圖時必須盡量清楚地區分出三路開關[1]與調光開關的位置。這些開關位置會關係到門的開閉方向、以及裝潢的美觀，因此不應該交由設備公司負責，最好是能夠與建築設計師討論過後再行繪製。

住宅照明基本上都採用手動點燈，配線計畫的構成也相當單純明快，因此設定時應該思考電路如何安排才能讓日常生活更便利。

至於大型建築物的設施中點燈的區域會隨著時段不同而改變，因此配線計畫就要從開關及調光電路的群組化開始，並且先從相同的群組開始分配電路。

▍開關與調光裝置

開關基本上必須使用符合國內規格的產品，因此可供選擇的種類並不多，如果要使用國外製造或特別訂做的產品，就得重新修改電路使其符合國內規格。

在一般住宅中，附有調光裝置的開關通常使用於客廳或飯廳、寢室，種類包括有一次只能操作一條電路的機械式開關，以及同時可操作多條電路的電子控制面板。但是性能愈高的產品設備花費也會愈高，因此最好在設計初期就先預設好成本。

如果使用電子控制的調光裝置，可以事先設定好各種照明情境，如晚餐或家人團聚、觀賞家庭劇院及舉辦派對等等，使用時只需一個按鈕就能直接進入該情境。至於旅館等大型建築物的設施，則是會設置電路複雜的調光盤，將照明情境與定時器連動，以便在各種時段及特殊活動時營造出符合當下情境的舒適照明。

譯注：**1** 可以在兩個不同地方控制同一組照明的開關

◆製作配線計畫

●天花板照明配置圖

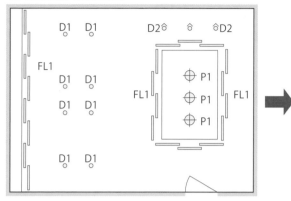

●天花板配線計畫圖

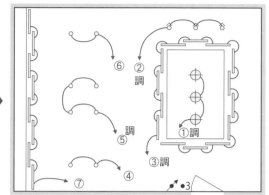

● 開關	✗ 調光開關	●3 三路開關

●三路開關

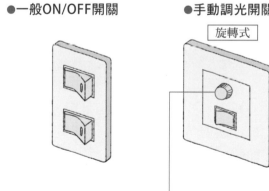

從任何一個二路開關都能控制照明的開與關

●標明開關與調光開關的位置
●依照調光或開關來分配電路,並以線條連結相同的群組,再標上編號(必須注意每個電路的瓦數會隨著調光裝置及燈具而改變)
●清楚的標出哪個是調光開關

◆開關的種類

●一般ON/OFF開關

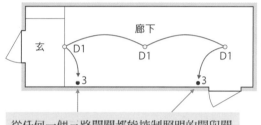

●手動調光開關

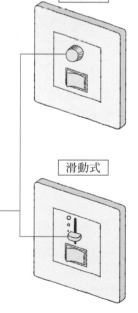

一次只能操作一條電路的機械式開關

●情境記憶式調光開關

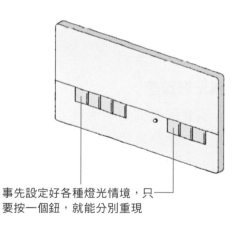

事先設定好各種燈光情境,只要按一個鈕,就能分別重現

依照設施的規模、預算來選擇調光裝置,也可以和燈具製造商、設備設計者或照明設計師一起討論

1 在照明計畫開始之前

2 照明計畫的基礎

3 住宅空間的照明計畫

4 燈具配置與光源效果

5 非居住空間的照明計畫

6 光源與燈具

7 文件與參考資料

021 調光計畫・情境設定

Point

由於調光的範圍會影響燈具的選擇，
因此從基本計畫的初期階段開始，就要留意調光計畫。

住宅的調光計畫

住宅多半只會做有限的調光裝置，而且大多是將調光電路安裝在客廳、飯廳、寢室等特定的房間中。因為不是每種燈具都能被調光，因此最好在照明基本設計的初期階段，就要同時留意調光計畫。有需要調光的地方，就必須選用白熾燈、可調光的螢光燈具或LED燈具。

另一方面，大型建築設施為了在大範圍中調整明暗搭配、大膽建構空間情境，會引進調光盤來進行設施整體的調光計畫。

調光與節能

調光能夠抑制耗電量，節約能源。不過，安裝燈具的初期成本並不會因為是否有調光而改變，但是增加調光開關卻會提高施工費。因此如果想要壓低初期成本，就必須縮小調光範圍。然而，若重視空間氣氛的營造，還是得將可調光的範圍擴大。此外，如果不需調光的部分較多，從節能角度來考量，可增加螢光燈具或LED燈具的使用量。

而商業設施等的空間設計，因較重視氣氛及演色性，多半從一開始就會選擇白熾燈，這時就要導入調光開關，這麼做不僅能夠調整明暗搭配，也能延長白熾燈的壽命。最近，導入LED燈來取代白熾燈的情況增加，但是也有很多LED燈無法調光，必須注意。

設定調光情境

如果住宅使用了能夠記憶調光情境的裝置，可以使用表格來記錄工作、團聚、派對等各種情境下，不同電路的明暗搭配及燈光模式，並且在進行燈光設定的同時，當場確認視覺效果。像這樣利用表格及圖表來記錄照明情境的方法，稱為製作情境分數表。

◆亮度與耗電量（白熾燈的情況下）

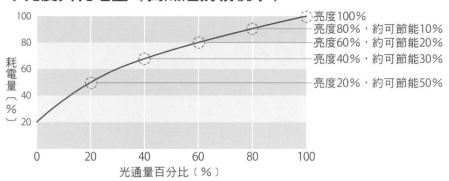

縱軸：耗電量〔%〕（20, 40, 60, 80, 100）
橫軸：光通量百分比〔%〕（0, 20, 40, 60, 80, 100）

亮度100%
亮度80%，約可節能10%
亮度60%，約可節能20%
亮度40%，約可節能30%
亮度20%，約可節能50%

◆可記憶情境的調光開關

●工作情境　　100%

　調光開關

呈現適合閱讀報紙及雜誌的亮度

調光開關是能記憶各種情境的照明，只要按下一個按鈕就能重現

●團聚情境　50%

呈現適合看電視的亮度

●派對情境　40%

呈現適合放鬆、華麗氣氛的亮度

●戲院情境　20%

呈現適合以家庭劇院看電影的亮度

◆明暗搭配

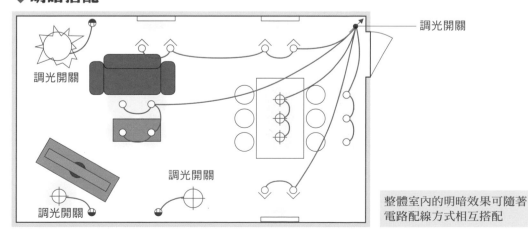

調光開關

調光開關

調光開關

調光開關

整體室內的明暗效果可隨著電路配線方式相互搭配

1 在照明計畫開始之前

2 照明計畫的基礎

3 住宅空間的照明計畫

4 燈具配置與光源效果

5 非居住空間的照明計畫

6 光源與燈具

7 文件與參考資料

022

照明的初期成本

Point

「照明燈具既是家電設備也是必要的家具」
編列預算時必須要有這樣的認識。

▌照明燈具的費用

　　照明燈具需要多少初期成本？在整體的照明計畫中要準備多少預算才夠？這些問題，對於建築及裝潢整體的預算控制來說相當重要。

　　一般來說，照明的花費會比給水等設備來得小，若住宅設備的施工費用占總施工費用的15％左右，那麼照明的費用大約只占2～4％。若從房屋面積來預估，每坪單價約在一萬五千～三萬日圓左右（相當於五千～一萬元台幣）。雖然總預算的高低可能會影響這個預估值，但可以確定的是，照明在建築或裝潢的整體預算中，只占很小的比例。

　　不過，花在照明預算上的高低，卻會影響空間整體的視覺印象。對居住空間來說，削減照明預算，把照明降到滿足亮度和機能的最低需求，雖然還是像樣的一個家，但只要稍微多分配一點照明預算，就能大幅提高舒適度以及視覺滿意程度。

▌將照明當成高性價比的家具

　　如果將照明當成是建築工程中的電器設備，就很難提高預算，不過，若將照明視為如窗簾或沙發一般的新家裝潢家具之一，預算就比較容易調整。

　　實際上，照明燈具能夠有效地營造氣氛，給予居住者舒適的空間，的確很適合當做室內設計的一部分。

　　有些人特別講究裝潢，重視空間與家具的協調性，無論是市售成品或特別訂做的產品，動輒花費數百萬日圓左右的預算，這種情形所在多有。相較之下，照明燈具只需數十萬日圓左右（大約三萬三千元台幣）的預算，就能改善空間的氣氛。

　　而且，即便採用高價的家具或裝潢材料，如果沒有能夠襯托其特色的照明，也無法達成期待中華麗的視覺效果。由此可知，照明可說是高性價比（性能／價格）的家具及設備。

◆對於照明預算的想法

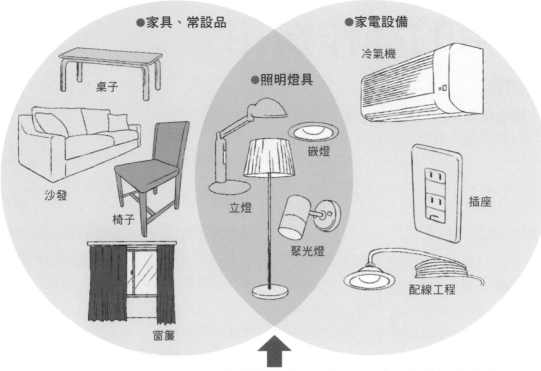

●家具、常設品

桌子

沙發

椅子

窗簾

●照明燈具

立燈

嵌燈

聚光燈

●家電設備

冷氣機

插座

配線工程

照明燈具兼具家具、常設品與家電設備的功能，可說是高性價比的用品

◆照明是高性價比的家具

如果住宅使用講究的沙發、窗簾、桌子等家具，那麼可能會需要數百萬日圓的預算

預算
數十萬日圓～

即使家具的預算較低，只要在照明方面多下一點工夫也能提升氣氛

預算
只需數萬日圓！

1 在照明計畫開始之前

2 照明計畫的基礎

3 住宅空間的照明計畫

4 燈具配置與光源效果

5 非居住空間的照明計畫

6 光源與燈具

7 文件與參考資料

023

照明的運作費用

Point

比較各種光源的發光效率及更換費用，
「Hf螢光燈」可說是運作費用最低的照明。

▌照明燈具與花費

照明計畫中，耗電量及光源的更換費用是影響運作費用的因素之一。所謂高發光效率（▶P38）的光源，就是指耗電量低但亮度高的燈。現階段效率最高的光源是發光效率為130lm／W的直管形LED燈。其次是Hf螢光燈、及HID燈中高效率金屬鹵化燈，兩者效率都在110lm／W左右。此外，一般嵌燈中採用的燈泡型螢光燈約為65lm／W。不管是何種燈，只要發光效率（lm／W）相同，電費也會幾乎相同。

至於光源的壽命，以同樣都可使用一萬兩千小時的32W Hf螢光燈、與100W金屬鹵化燈為例，三個32W Hf螢光燈亮度大約等於一個100W金屬鹵化燈。32W Hf螢光燈每個售價約一千四百日圓（約四百六十台幣），三個為四千二百日圓（約一千三百八十台幣），但是100W金屬鹵化燈一個就要一萬六千四百日圓（約五千四百台幣），相較之下價格較高。

至於直管形LED燈管的壽命為四萬小時，需要六個才能達到相當於100W

的亮度，而六個LED燈管的售價是六萬三千日圓（約兩萬一千台幣）。換句話說，點燈一萬兩千小時的花費是一萬八千九百日圓（約六千三百台幣），比金屬鹵化燈稍高，不過可以減少更換次數是一大優點。

▌點燈時間也會影響

另一個影響運作費用的重要因素是點燈時間長短與頻率。雖然白熾燈與螢光燈等節能燈相比，發光效率明顯較差，壽命也較短，但是使用於某些場所中，可能會出現運作費用與螢光燈相差不多的情況。譬如廁所或洗臉盆附近的照明，由於一天當中可能開開關關許多次，點燈時間較短，螢光燈的優勢也因此較不明顯。

假設一年點燈時間只有五百小時的嵌燈型燈具，比較裝上白熾燈與同樣亮度的緊密型螢光燈的使用情形，可以發現螢光燈的價格優勢會在六年後才開始顯現出來（參考右圖）。但是如果考慮到燈具本身的壽命只有十年左右，那麼兩者的運作費用最後可能不會有太大的差異。

◆比較不同光源的運作費用

●以HID燈中的金屬鹵化燈（耗電量100W，光通量11,000lm）為基準的情況

	一個的耗電量〔W〕	一個的光通量〔lm〕	發光效率〔lm/W〕	100W相當個數	100W相當光通量〔lm〕	光源單價〔日圓〕	壽命與費用
HID燈的高效率金屬鹵化燈	100	11,000	110	1	11,000	16,400	每12,000小時使用1個100W光源，花費**16,400**日圓
Hf螢光燈	32	3,520	110	3	10,560	1,400	每12,000小時使用3個32W光源，花費**4,200**日圓
直管形LED燈 No.1	15.8	2,124	130	6	12,744	10,500	每40,000小時使用6個15.8W光源，花費**63,000**日圓
省電燈泡	12	780	65	8	6,240	1,900	每6,000小時使用8個12W光源，花費**15,200**日圓

◆比較照明使用時間的長短與運作費用的關係

●比較27W緊密型螢光燈（亮度相當於95W白熾燈泡）與95W白熾燈包含燈具費用及燈泡費用在內的運作費用。假設每年使用5,000小時及500小時的情況下。

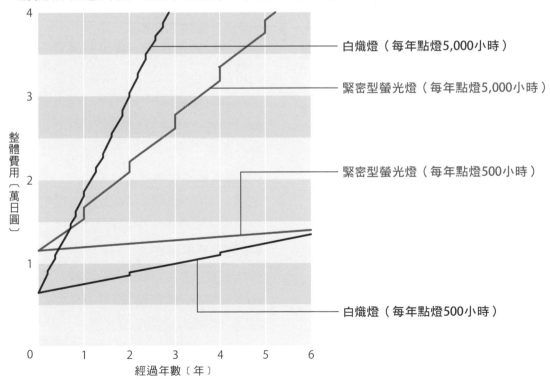

白熾燈（每年點燈5,000小時）

緊密型螢光燈（每年點燈5,000小時）

緊密型螢光燈（每年點燈500小時）

白熾燈（每年點燈500小時）

整體費用〔萬日圓〕

經過年數〔年〕

出處：《照明基礎講座教材》（（社）照明學會）

1 在照明計畫開始之前

2 照明計畫的基礎

3 住宅空間的照明計畫

4 燈具配置與光源效果

5 非居住空間的照明計畫

6 光源與燈具

7 文件與參考資料

024

照明的維修

Point

光源在使用到達「平均壽命的70％」時更換，
最符合經濟效益。

維修的好處

照明燈具在使用過程中，會因為燈具髒汙、或光源本身的光通量減少等因素，造成亮度降低，因此必須在適當的時機清理及更換光源。如果放著不維護，燈具就無法維持設計當初的亮度，不僅看不清楚東西，也會造成電力的浪費。此外，燈具髒汙及劣化程度會隨著使用的環境而改變，因此設定維修的時間點時，也必須將使用環境因素考慮進去。

適當的維修燈具可以得到下列好處：
①可壓低設置的燈具數量，節省器材支出
②可減少燈具的耗電量，節省電費
③維持明亮的環境可以提振辦公室員工的士氣與活力
④可提高亮度，確保工廠等作業環境的安全
⑤改善顧客對店面的印象，帶動銷售
⑥提高商場等設施整體的質感

照明的更換時機與模式

光源的更換時機一般為使用時間達到平均壽命的70％最符合經濟效益。此外，更換照明也有幾種不同的模式：

●個別更換模式
在照明光源變暗、或無法點亮時，立刻更換，這種模式適用於住宅。

●個別型集體更換模式
除了在照明無法點亮時更換之外，每隔一段時間也定期更換所有的光源。這個做法對更換光源的人事費用高的場所來說，較符合經濟效益，如大規模飯店或辦公室等。

●集體型個別更換模式
每隔一段固定時間，或是無法點亮的照明到達一定量數，才進行更換。

●集體型更換模式
無法點亮的照明到達一定量數，或是在設定更換時間點之前都不予理會，到了設定的時間再更換所有光源。

集體型個別更換模式和集體型更換模式適用於較難更換照明的場所，然而，無法點亮的燈具不處理也可能造成其他照明故障，這點必須注意。

◆維修的自我檢測

●若出現下列情形，表示燈具或光源需要維修

分類	檢測項目
使用環境	☐ 距離上次清理已經過了半年 ☐ 距離上次更換光源或啟動器，已經過了1年以上 ☐ 電源或電壓較高（額定電壓的103%以上） ☐ 燈具安裝在經常震動的部位 ☐ 燈具安裝在濕度高、多水氣的場所 ☐ 使用場所有腐蝕性氣體、粉塵、海風等 ☐ 光源或啟動器已達使用壽命，但仍置之不理
光源（燈）	☐ 經常閃爍 ☐ 即使更換光源也無法確實點亮 ☐ 按下開關過了一段時間後燈才點亮 ☐ 光源遠比其他的來得暗 ☐ 更換後光源壽命較以前短 ☐ 光源很快就變黑了
燈具本體	☐ 本體或反射板有髒污或變色 ☐ 塑膠外罩有髒污或變色 ☐ 塑膠外罩變形、破損 ☐ 燈具連接牆壁的部分破損、生鏽或膨脹 ☐ 燈具內的電線破損、芯線露出 ☐ 有焦臭味 ☐ 因燈具的關係造成跳電 ☐ 燈具運作不順暢 ☐ 光源無法完全固定於燈具上，會搖晃 ☐ 燈具內的零件累積灰塵

出處：（社）日本照明器具工業會

重點 日本照明器具工業會（JLMA）規定，照明燈具的適當更換時期為8～11年，耐用年限為15年。此外，不止照明燈具的本體，安定器及電路零件等配件，如果疏於維修也會劣化，若放任零件劣化，可能會造成漏電及火災

1 在照明計畫開始之前
2 照明計畫的基礎
3 住宅空間的照明計畫
4 燈具配置與光源效果
5 非居住空間的照明計畫
6 光源與燈具
7 文件與參考資料

025

高齡者的照明

Point

要創造適合高齡者的照明環境，
「確保亮度」、「提升照明環境品質」、「避免不適眩光」等要素是重點。

▎高齡者的視覺特性

　　隨著高齡化社會的發展，照明創造出的環境也必須符合高齡者的需求，因此，了解視覺特性如何隨著年齡增長而改變相當重要。

　　一般人二十五歲之後，視力、焦點調節力、色彩辨識力等視覺功能會開始走下坡，到了四十五歲之後就屬於高齡化的視覺。因此，需要針對高齡者的視覺弱點來改善照明，營造出適合高齡者的照明環境。

　　以輝度（▶28）為例，如果輝度高的光源進入一般人的視野內，雖然光線都會在眼球中散射，產生刺眼的眩光效果，但隨著年齡增長，散射程度會愈高，使人愈看不清楚物體，不舒服的感受也會增強。此外，據說高齡者在低輝度的情況下也會感到刺眼、不適，而且隨著年齡增長感受愈明顯。

▎適合高齡者的照明環境

　　打造適合高齡者的照明環境重點如下：

●確保亮度

JIS照度基準中制定了住宅的照度，但是在高齡者的居住空間中照度必須設定更高。例如餐桌和書房的照度至少要達到JIS基準的兩倍，起居室等全面照明至少約三倍，夜晚的走廊及寢室則至少約五倍。

●提高照明環境的品質

使用光色及演色性表現較佳的光源，能夠讓人的臉色看起來較明亮、健康；食物也看起來比較好吃。

●避免不適眩光

將高輝度的光源及燈具從高齡者的視野中移除，以防止不適眩光。此外，色溫低的光源也較能避免讓人感到不適。

●保障安全、讓人安心

如果從明亮的場所突然移動到黑暗的場所，會造成眼睛在短時間內難以適應光線變化而發生危險，因此要盡可能地消除光源的明暗差異。

●選擇容易操作及維護管理的燈具

將照明燈具或開關，設置在高齡者日常生活中容易操作的位置；也要選擇輕鬆就能更換或清理的燈具。

◆與年輕人的比較

年輕人

雖然有點刺眼，
但還是能夠看得
清楚

高齡者

雖然很亮，但很
刺眼，文字都看
不清楚了……

即使是高齡者覺得亮度十分充足的光源，
也可能因燈具設置的位置不佳，而不適合
高齡者。

●照度設定

年輕人		高齡者

300～750lx

讀書

用餐

兩倍照度 ➡

600～1,500lx

30～75lx

客廳的全面照明

三倍照度 ➡

90～215lx

30～75lx

走廊

五倍照度 ➡

150～375lx

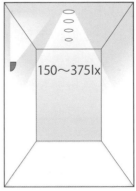

1 在照明計畫開始之前

2 照明計畫的基礎

3 住宅空間的照明計畫

4 燈具配置與光源效果

5 非居住空間的照明計畫

6 光源與燈具

7 文件與參考資料

026

建材與光的關係

Point

表面質感愈具特色的建材，愈能發揮照明所營造的氣氛。

▌建材與照明的搭配

在建材上照明時，照明方式會隨著建材特徵與使用目的而改變。如果想要強調建材質感、或是呈現閃亮的華麗感，就必須使用屬於點光源的聚光燈；反之，如果想要表現平面光，就應該使用螢光燈或壁面燈等面發光照明。而建材的表面質感愈具特色，也就愈能發揮想要營造的照明氣氛。

此外，建材與光色的搭配也很重要。如果是一般的暖色系建材，應該要使用色溫較低的照明；若建材屬於白色系，那麼就要使用色溫較高的照明。

以建材別來看，木材等咖啡色系的建材，適合燈泡色光；金屬或水泥等較適合白光、或其他色溫較高的光。至於石材，因為較接近燈泡色，使用暖色系的光看起來會比較自然。此外，從燈泡色到晝白光，無論哪種光色都適合白牆，因此也可以只考慮配合其他部分或建材來挑選光源。

▌效果好的照明方式

建材的照明方式也必須注意。如表面凹凸不平的材質，採用壁面燈以近乎平行壁面的角度照射，讓光線從壁面由上傾瀉而下，就能強調陰影，高明地表現出材質特徵。這種照明方式也能使窗簾或其他布面質感呈現出有趣的面貌；若換成是石材，也同樣能夠引出材質的特徵。不過，石材如果經過拋光，就有可能因為光源反射而無法有效地呈現石材質感。同樣的道理，這樣的照明方式也必須避免在有光澤的壁面或地板上使用。

除此之外，透光建材如布、毛玻璃、貼上半透明薄膜、或有圖案的玻璃如彩繪玻璃等等，在思考照明的表現時，也要一併考慮建材的透光性以及光的漸層效果。

在評估這些照明方法時，不只要考慮呈現出的效果，包括安裝、設置、維修等所需的費用也要一併考量。

◆建材的打光方式

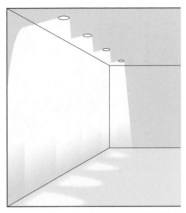

從前方平面照射的壁面燈，屬於傳統的表現方法

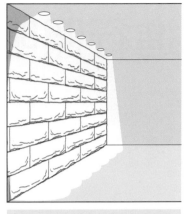

從牆邊照射的壁面燈，能夠強調明暗部分的張力，使用於凹凸不平的建材時效果最好

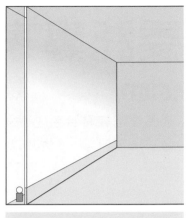

從乳白色的玻璃等透光材質背面打光，能使光線呈現漂亮的漸層

◆建材與光源的搭配

材質		從前方照射				從背面照射			
		白熾燈	螢光燈 3,000K	螢光燈 5,000K	HID燈 4,200K	白熾燈	螢光燈 3,000K	螢光燈 5,000K	HID燈 4,200K
不透光材質	木材	○	○	×	△	—	—	—	—
	石材（白色系）	○	○	△	○	—	—	—	—
	石材（灰色系）	○	△	△	○	—	—	—	—
	石材（黑色系拋光）	△	△	×	△	—	—	—	—
	石材（綠色系）	△	×	○	○	—	—	—	—
	鋼鐵（金屬）	△	△	○	○	—	—	—	—
	不銹鋼	○	△	△	○	—	—	—	—
	鋁	△	△	○	○	—	—	—	—
	水泥	△	△	○	○	—	—	—	—
	白色壁紙	○	○	○	○	—	—	—	—
透光材質	乳白色玻璃	—	—	—	—	○	○	○	○
	玻璃（貼上圖案膜）	—	—	—	—	○	○	○	○
	彩色玻璃等	—	—	—	—	△	○	○	△
	布（窗簾等）	○	○	△	○	○	○	△	○
	金屬網	○	△	△	○	○	○	○	○

○：適合　△：一般　×：不適合

1 在照明計畫開始之前

2 照明計畫的基礎

3 住宅空間的照明計畫

4 燈具配置與光源效果

5 非居住空間的照明計畫

6 光源與燈具

7 文件與參考資料

027 委託專家進行照明計畫

Point

找專家諮詢時，
必須確實傳達「空間的設計概念」和「想要實現的照明情境」

▌諮詢照明產品製造商

現在的建築設計師與室內設計師多半能夠理解照明計畫的重要性，並且也意識到為了達成空間設計的完整性，必須提高照明計畫的層次。

然而，實際上如果只是針對建築或室內裝潢的構造、整修、整體設備等進行綜合評估的話，要提升照明計畫的知識或技巧、累積相關經驗並不容易。在這種情況下，找照明專家討論，委託他們製作照明計畫也是一項選擇。

而身邊最常見的照明專家就是照明燈具的製造商，因此，找有往來的製造商負責人諮詢是最快的方式。國內主要的製造商，內部都有照明計畫師或照明設計師、照明諮詢師等，他們也能承接客戶委託製作照明計畫。但缺點是照明計畫中的燈具大多只能選擇這家公司的產品。

▌諮詢照明設計師

如果想要從各個不同的製造商中選擇產品、自由地思考照明計畫，那麼可以諮詢獨立開業的照明設計師。每位照明設計師都有擅長的領域，如果對某位設計師感興趣，可以與他聯絡，確認風格是否符合自己想要的效果、個性是否好相處等等。

委託照明設計師的好處是，他們不屬於任何一家廠商，因此能夠以專家的角度來製作照明計畫。在重新檢視花費時，也能列出不同的廠商評估、比較，在不影響照明概念的情況下，提出最適合的方案。然而相對的，業主也必須支付設計費和諮詢費。

此外，無論是找燈具製造商、還是獨立開業的照明設計師，在諮詢專家前，必須事先做好準備，到時才能確實地傳達空間的設計概念，以及想要實現的照明情境。

◆委託專家進行照明計畫的兩個管道

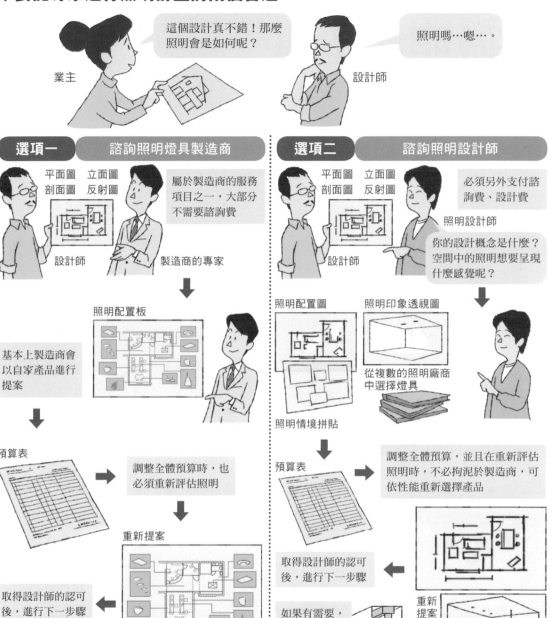

業主：這個設計真不錯！那麼照明會是如何呢？

設計師：照明嗎…嗯…。

選項一　諮詢照明燈具製造商

平面圖　立面圖
剖面圖　反射圖

設計師　製造商的專家

屬於製造商的服務項目之一，大部分不需要諮詢費

照明配置板

基本上製造商會以自家產品進行提案

預算表

調整全體預算時，也必須重新評估照明

重新提案

取得設計師的認可後，進行下一步驟

交貨
↓
現場確認
↓
最後調整
↓
完成！

選項二　諮詢照明設計師

平面圖　立面圖
剖面圖　反射圖

設計師　照明設計師

必須另外支付諮詢費、設計費

你的設計概念是什麼？空間中的照明想要呈現什麼感覺呢？

照明配置圖　照明印象透視圖

從複數的照明廠商中選擇燈具

照明情境拼貼

預算表

調整全體預算，並且在重新評估照明時，不必拘泥於製造商，可依性能重新選擇產品

取得設計師的認可後，進行下一步驟

如果有需要，也可以訂做燈具

重新提案

現場確認
↓
最後調整
↓
完成！

1 在照明計畫開始之前
2 照明計畫的基礎
3 住宅空間的照明計畫
4 燈具配置與光源效果
5 非居住空間的照明計畫
6 光源與燈具
7 文件與參考資料

028

訂做照明燈具

Point

可以委託有往來的照明燈具製造商的設計部門、
小規模的燈具製造公司、照明設計師等製作。

▌訂做照明燈具的魅力

如果希望燈具的造型能夠呼應建築或室內設計的特殊風格、或是對燈具造型特別講究的話，就需要使用特別訂做的燈具。燈具是建築和室內設計的一部分，例如吊燈、水晶燈、吸頂燈、壁燈等可當做室內設計的強調重點，而有燈罩裝飾的立燈也能成為視覺重點，因此這些燈具最好是由設計師本人、或是設計團隊來製作。法蘭克·洛伊·萊特[1]及阿爾瓦爾·阿爾托[2]的照明燈具就是在這種情況下誕生，他們的燈具被稱為經典之作，至今也仍持續生產。

除了設計性及裝飾性高的燈具外，嵌燈或聚光燈、間接照明燈具等，也都可以訂做。

▌委託製作的對象

舉例來說，如果燈罩的材質或花色想要與家具或窗簾等布製品一致；或是想要加入特別元素，如色彩及質感等，就需要訂做。

想要訂做照明燈具可以與有往來的燈具製造商負責人討論，請他轉介燈具設計部門，與該部門設計師合作。除此之外，也可以直接與小規模的燈具製造公司或照明設計師商量，委託其製造。無論採用哪種方法，都必須將自己訂做的意圖與目的，以及對產品的想像等準確地傳達給對方，這點非常重要。準備照片、素寫等圖片資料，也能幫助理解。

在預算方面，一般來說訂做品的價格會高過市售商品，尤其是住宅等小規模設施，即使不是多費工的訂做燈具，花費也很容易增加。另一方面，大規模的建築設施在大量訂做的優勢下攤平成本，有時花費並不會比市售商品高出多少。

譯注：1 法蘭克·洛伊·萊特（Frank Lloyd Wright，1867～1959 A.D.）美國建築師，認為建築設計要能符合人類與環境之間的和諧，稱為「有機建築」的哲學。
2 阿爾瓦爾·阿爾托（Hugo Alvar Henrik Aalto，1898～1976 A.D.）芬蘭建築師，現代主義的倡導者之一，為人情化建築的提倡者，被認為是北歐現代主義之父。

◆訂做照明

型錄

無論是翻閱照明製造商的型錄，還是到展示中心挑選，燈具的種類都相當豐富。不過，如果講究細部，或是想要讓燈具與建築或室內裝潢的搭配性更佳，訂做照明燈具也是不錯的選擇

展示中心

●諮詢對象

找不到符合自己想像的燈具…

這時候

訂做照明燈具時，可以與製造商討論，只改變市售商品的塗裝或材質；或是完全委託燈具製造公司或照明設計師等，從設計階段就依照自己的想法量身打造

可找下列對象訂做燈具
●有往來的製造商負責人
●小規模燈具製造公司
●照明設計師

●預算

住宅等小規模設施，因為少量訂做所以價格偏高…

大規模建物的設施在大量製作下，就有可能物超所值

1 在照明計畫開始之前

2 照明計畫的基礎

3 住宅空間的照明計畫

4 燈具配置與光源效果

5 非居住空間的照明計畫

6 光源與燈具

7 文件與參考資料

COLUMN >> 嵌燈的散熱對策

▍容易蓄積熱量

嵌燈在構造上容易積蓄熱量,光源產生的熱很容易聚集在埋進天花板中的燈具本體上,因燈具內部溫度升高,而有燈具破損或發生火災的疑慮。因此一般使用嵌燈時,都會在本體上方裝設散熱用窗孔,讓熱量發散至天花板內部。

▍採用隔熱加工用燈具

大多數的住宅會為了提高冷暖氣效率或是加強隔音,在天花板內部舖

設隔音材或隔熱材。如果在這種住宅中設置一般的嵌燈,為了散熱就必須在隔熱材上挖一個洞。但是這麼做不僅費工,也會降低隔熱、隔音的效能。

為了防止這種情形,使用「隔熱加工用燈具」即可在不破壞隔熱材的情況下裝設燈具,也能保障溫度提高時的安全性。

隔熱加工用燈具稱為S形燈具,適用於隔熱墊舖設工法的稱為SG形、適用於隔熱材吹入式工法的則稱為SB形。日本會在隔熱加工用燈具上,標示日本照明器具工業會的S形標章。

此外,如果要在採用隔熱加工的天花板上設置一般嵌燈,那麼隔熱材必須挖洞,使燈具安裝部位與隔熱材距離約十公分左右,或是事先在天花板內設置燈具的位置加裝設隔板,避免燈具裝設部位被隔熱材覆蓋。

◆將嵌燈安裝在隔熱加工的天花板上

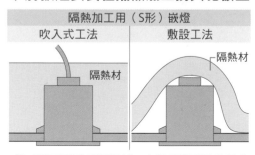

●施工時不需破壞隔熱材,在溫度提高時也具有高安定性

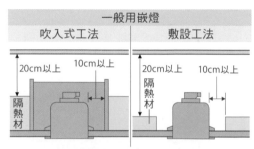

●切除燈具安裝部位周圍十公分的隔熱材,或是在設置位置上裝設隔板

◆S形標章

出處:JIL5002-2000

●適合隔熱加工的嵌燈上會付有這個標誌

029

事前的訪談

Point

廣泛地聽取家庭成員對於「亮度的喜好」、「照明的使用方式」、以及「生活型態」等等的意見。

保守的照明計畫占多數

從以往住宅照明計畫案例的客訴中，業主認為設計者獨斷獨行、自以為是的原因，最顯而易見、且無法狡辯的就是，燈光太暗了。這樣的客訴雖然致命，但卻是比較容易避免的，只要在設計照明時多裝設幾台照明燈具，讓空間照明達到必需亮度就可以了。很多住宅都能明顯地看出是基於這種方式設計照明，相當可惜。

要打造出「明亮」的房間其實很簡單。然而，若是精心打造了講究的建築、室內空間與家具等等，卻只有照明以保守的方式來應付，依然稱不上全力提升整體生活空間，甚至可說把設計的某部分給放棄掉了。

聽取家庭成員的意見很重要

住宅中，家庭成員的喜好、生活型態、家庭組成、年齡等，都會大幅影響照明計畫的概念與方法。在進行照明計畫時，必須廣泛聽取家庭成員的意見，像是對亮度的偏好、對照明有何期待、經濟考量、是更重視機能還是氣氛、生活型態以及判斷事物優先順序等等。以此為基礎訂定設計方針，並且向成員們確實地說明。

此外，照明和其他的完工材料不同，只看燈具的照片很難想像光的狀態以及亮度等性質。因此，就算客戶看了產品型錄之後表示同意提案，還是建議陪同他們一起到照明展示中心確認實物、同時詢問廠商專案負責人的意見。

不過還要注意，室內最後完成的樣貌、色彩、空間大小及天花板的高度等，都會改變燈光給人的情境感受。設計者平常還是必須多看各種燈具、體驗並記住各種空間中光的狀態，在自己的腦中建立燈具與燈光的資料庫。

◆照明計畫訪談表

項目	目的	訪談內容
家庭組成	判斷必要的燈光	■包括：（ ） 確認家庭成員的年齡、個性、喜好等
職業	掌握生活環境的燈光（每個家族成員的需求）	□在偏藍的畫白光螢光燈照射下的環境 □在溫暖的白熾燈光色照射下的環境 □在自然光照射下的環境 □其他（例如： ）
興趣、喜好	掌握生活模式	■家庭成員的興趣、喜好（例如： ） 請業主具體地描述他覺得舒適的、憧憬的環境等，如果找到能夠加深彼此認知的例子更好。
用途	評估適合這種用途的照明	■確認整體建築物的用途（例如： ） 不僅要確認家庭成員對於燈光的偏好，還要確認建築物是當成住宅、住宅兼工作室、還是別墅等，並且依照建築物的用途來評估照明的整體計畫。
各個房間的使用方式	評估適合這種使用方式的照明	■客廳 　□團聚　□閱讀　□看電視　□聽音樂　□小孩遊戲　□吃飯 　□開宴會　□從事嗜好　□工作　□念書　□裝飾 　□其他（例如： ） ■飯廳 　□團聚　□閱讀　□看電視　□聽音樂　□小孩遊戲 　□吃飯　□宴會　□從事嗜好　□工作　□念書　□裝飾 　□其他（例如： ） ■廚房 　□料理　□從事嗜好　□工作　□吃飯　□收納　□其他（ ） ■寢室 　□睡覺　□興趣　□工作　□從事嗜好　□念書　□收納　□梳妝打扮 　□裝飾　□其他（例如： ） ■和室 　□團聚　□閱讀　□看電視　□聽音樂　□小孩遊戲　□吃飯 　□從事嗜好　□工作　□念書　□睡覺　□收納　□裝飾 　□其他（例如： ） ■其他房間 　□睡覺　□閱讀　□從事嗜好　□工作　□念書　□收納　□梳妝打扮 　□小孩遊戲　□裝飾　□看電視　□其他（例如： ） ■衛浴、浴室 　□洗衣服　□換衣服　□從事嗜好　□其他（例如： ） ■走廊、樓梯 　□裝飾　□收納　□停車　□停自行車、機車　□其他（例如： ） ■庭院、露台、陽台 　□遊戲　□從事興趣　□吃飯　□宴會　□休閒　□其他（例如： ）
燈光的喜好	掌握對燈光的喜好	□偏好整體明亮的空間　□偏好明暗對比明顯的空間 □偏好如白熾燈泡般溫暖的燈光 □偏好純白（或青白）色燈光 □其他（例如： ）
對照明的期待	確認優先順序	□總之要夠亮　□優先選擇功能充足的燈光，其他不甚在意 □不只重視功能性，也偏好氣氛好的燈光 □優先選擇能夠搭配建築與裝潢，造型優美的照明燈具 □其他（例如： ）
照明選擇的優先順序	確認優先順序	□燈具及燈泡的價格 □運作費用（節能）　□設計　□燈光帶來的氣氛 □裝卸的容易與否 □其他（例如： ）

1 在照明計畫開始之前
2 照明計畫的基礎
3 住宅空間的照明計畫
4 燈具配置與光源效果
5 非居住空間的照明計畫
6 光源與燈具
7 文件與參考資料

030

照明計畫的重點

Point

配合人們的行動，一點一點地增加照明要素，
以「加法的照明計畫」來思考。

六項基本重點

人們會在住宅中進行各種活動，因此也希望照明計畫能夠符合這些活動的需求。首先，必須要掌握下列六項基本重點。

●必須的亮度

房間內所需的亮度會隨著用途及時間而改變。因此，必須以居住者的活動方式為原則，取得均衡的明暗搭配。（▶P74）

●節能

螢光燈的節能效果比白熾燈更好。但是白熾燈也可以配合需求活用調光開關，既能調整適合的亮度、也能提高節能效果。此外，最近也不少人改用耗電量少、壽命長的LED燈（▶P214）。

●氣氛

從燈具散發出光的性質、燈具的配置、明暗搭配、光色等都會影響氣氛。加深對照明相關知識的理解，藉此活用燈光效果，更能營造出想要的氣氛。

●維修

光源有其壽命。除了必須考量到之後更換光源、清理燈具的容易程度之外，燈具安裝的高度也要多注意才好（▶P76）。

●為高齡者設想

由於視力衰退，高齡者對於亮度的需求是年輕人的二～三倍。因此，必須提升高齡者房間的整體亮度，並且依照需求使用部分照明（▶P60）。

●防盜

戶外照明選用裝有感測器或閃光燈的產品。此外，也可採用不在家時也能以定時器來點亮的照明燈具，提高防盜性。

以加法思考的照明計畫

仔細地模擬人們在住宅中各個空間的行動，藉此一點一點地增加照明要素，以加法的方式來思考照明計畫。如果加入的要素過多，就要重新評估優先順序，以減法的方式來整理。

換句話說，並不是從一開始就以全盤考量的方式來計畫，而是在有需要時，因應追加如立燈之類的燈具即可。

◆六項基本重點

1 必須的亮度

●必須的亮度會隨著用途及時間而改變

2 節能

	白熾燈	螺旋型螢光燈	LED燈 （做為嵌燈使用）
亮度	60W	等同於60W 的白熾燈	等同於60W 的白熾燈
耗電量	60W	12～13W	6～8W

●節能也能降低運作費用

3 氣氛

●透過光的性質及燈具的配置，創造出理想的氛圍環境

4 維修

●安裝在容易更換的高度非常重要

5 為高齡者設想

●所需亮度為年輕人的2～3倍

6 防盜

●使用裝有感測器或閃光燈的照明以提高防盜性

1 在照明計畫開始之前

2 照明計畫的基礎

3 住宅空間的照明計畫

4 燈具配置與光源效果

5 非居住空間的照明計畫

6 光源與燈具

7 文件與參考資料

031

亮度的基準

Point

將JIS照度基準[1]製成表格，當成亮度的基準來使用。

▍參考照度基準

住宅的照明是以居住者的舒適感為主，並不像建築物一樣，有建築基準法般的整體法規來規範。即使是照明產品也沒有法律的規範。因此，在日本能做為參考的就是JIS照度基準表。

照明設計者可以將這張表當成是一個參考的基準來使用。然而，生活者對於亮度的感覺，會隨著本身的喜好、講究之處而改變，若將照明當成室內設計來看待，空間整體的情境也會改變亮度給人的感覺。舉例來說，有些時候即使照度不足，居住者仍然對亮度感到滿意；反之，即使照度已相當高，居住者還是有可能因為覺得太暗而感到不滿。

空間的亮度也會隨著室內的色彩及完工材料而改變。舉例來說，白色平光的牆壁和天花板最能讓人感到明亮；淺色系的地板也會比深色系給人的感覺明亮。另一方面，採用較多褐色或米色的房間，由於牆壁、天花板能夠反射的光線較少，即使照明的種類、數量與白色的房間相同，仍舊會給人較暗的感覺。

這些都是在設計時必須考量的重點。

再者，照明器具在一開使始用時發出的光最亮，稱為初期照度。這也是標示在產品目錄上的照度數值。不過JIS照度基準中標示的值，則是估計照明使用一段時間、亮度降低後的值，大約設定在比初期照度低20～30％左右的數值。

▍照明計畫是加法的呈現

經常邀請客人來訪的住家、與工作環境合而為一的住宅空間、或是居住者本身對於空間需求積極地提出自己的想法時，照明計畫可以客廳或餐廳為中心，利用光線營造出各式各樣的氛圍。

這種情況與單一功能的店鋪不同，但還是需以數量及種類較多的燈具、調光電路為基礎，使用加法設計照明計畫（▶P78）。即使是同一個房間，也可利用改變照明數量、照明範圍、照明高度的手法，營造出多種不同的氣氛。

譯注：**1** 台灣的照度參考值為CNS國家照度標準，參見P250～252

1 在照明計畫開始之前
2 照明計畫的基礎
3 住宅空間的照明計畫
4 燈具配置與光源效果
5 非居住空間的照明計畫
6 光源與燈具
7 文件與參考資料

◆住宅的JIS照度基準

照度〔lx〕	房間	書房兒童房	和室客廳	餐廳廚房	寢室	浴室更衣室	廁所	走廊樓梯	櫥櫃儲藏室	玄關（內部）	入口（外部）	車庫	庭院
2,000 1,500 1,000	手工藝 裁縫												
750 500	讀書 化妝 講電話	學習 讀書			讀書 化妝					鏡子			
300				餐桌 調理台 流理台		刮鬍子 化妝 洗臉				脫鞋 裝飾櫃		掃除 檢查	
200	團聚 娛樂	遊戲	壁龕				洗衣服						
150 100		所有情境		所有情境		所有情境			所有情境	所有情境			宴會 餐桌
75 50	所有情境		所有情境				所有情境	所有情境	所有情境	門牌 信箱 對講機	所有情境		陽台 所有情境
30 20					所有情境								
10 5										通道			通道
2 1					深夜	深夜	深夜			防盜			防盜

出處：節選自JIS Z 9110-1979

◆氣氛的營造

燈光數量

較少

較多

● 照到光的地方特別明顯
● 營造舒適的氣氛

● 營造華麗的氣氛

燈光範圍

局部

全體

● 加強對比，營造戲劇性氣氛

● 空間具有整體感，令人安心

燈光高度

低

高

● 營造讓人放鬆、安適的氣氛

● 在上方創造開放感
● 非日常性的氣氛

75

032

住宅照明的維修

Point

照明燈具必須選擇容易更換燈泡的產品。

選擇容易更換的燈泡

住宅中，更換燈泡是最常做的維修作業。所有的照明燈具，都必須選擇容易更換燈泡的產品，並且裝設在合理的位置或高度上。

此外，由於附有燈罩的燈具必須定期打掃，也應該安裝在手容易搆到的位置。除了燈泡之外，燈具本身也有壽命，大約每十年需要更換一次。

燈具的維修規劃，也要隨著業主的家庭組成及興趣嗜好而改變。如果家庭成員以高齡者為主，就要盡量使用不需要站上梯子就能維修的燈具。

此外，有些人喜歡自己動手做，即使維修有點麻煩也願意進行；反之也有人完全不願意自己動手，這些因素也都會成為選擇燈具種類、及決定安裝方式的線索。

LED是長壽命的光源

從維修面來看，LED近年來已成為注目的焦點。使用LED的優點之一是光源壽命長。目前LED壽命大約四萬小時左右，不僅遠大於壽命一千小時的白熾燈泡，也是壽命一萬小時的螢光燈的四倍。因此，可以考慮將LED使用在較不易更換光源的地方，如挑高天花板或是樓梯間等。

不過，LED並非完全不會故障，還是必須事先將更換的容易性納入考慮。

考慮將LED燈當成主照明

基本上，住宅都會使用白熾燈或螢光燈做為主照明，然而，近幾年來LED燈的品質急速提升，價格也逐漸降低，因此，LED燈也成為主照明的選項之一。

此外，鹵素杯燈（▶P140）不僅運用上容易，營造氣氛的效果也很好，向業主說明其特性後，也可考慮當成主照明來使用。

◆考量維修容易的裝設方法

●裝設高度

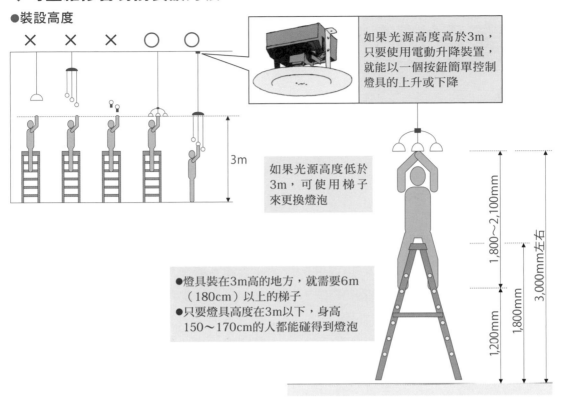

如果光源高度高於3m，只要使用電動升降裝置，就能以一個按鈕簡單控制燈具的上升或下降

如果光源高度低於3m，可使用梯子來更換燈泡

●燈具裝在3m高的地方，就需要6m（180cm）以上的梯子
●只要燈具高度在3m以下，身高150～170cm的人都能碰得到燈泡

◆間接照明的光源與環境

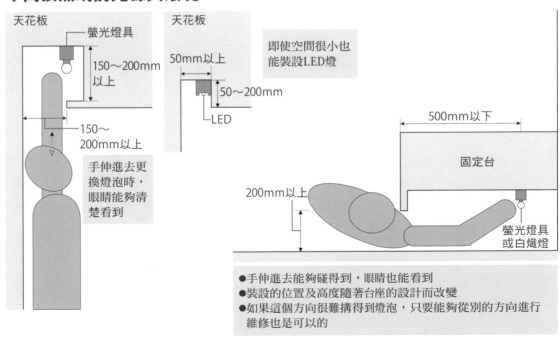

天花板
螢光燈具
150～200mm以上
150～200mm以上

手伸進去更換燈泡時，眼睛能夠清楚看到

天花板
50mm以上
50～200mm
LED

即使空間很小也能裝設LED燈

500mm以下
固定台
200mm以上
螢光燈具或白熾燈

●手伸進去能夠碰得到，眼睛也能看到
●裝設的位置及高度隨著台座的設計而改變
●如果這個方向很難搆得到燈泡，只要能夠從別的方向進行維修也是可以的

1 在照明計畫開始之前

2 照明計畫的基礎

3 住宅空間的照明計畫

4 燈具配置與光源效果

5 非居住空間的照明計畫

6 光源與燈具

7 文件與參考資料

033

客廳的照明

Point

依照區域來劃分電路，設計出數種「開、關燈的組合模式」，並且活用調光開關。

配合多種行為、用途

客廳在住宅中，是屬於複合式功能及使用方式的空間，不僅是照明計畫中最困難的部分，也帶有展示的意味。一般會在客廳做的行為，包括攤在沙發上、在沙發上讀書、躺在地板上、看電視、聽音樂、喝茶、兒童玩耍、愉快地聊天、喝酒、開派對找很多人來聯絡感情、做瑜珈、打掃等等，每個家族使用客廳的方式又各有不同。

照明計畫必須針對這些行為，配置多種不同的光源，隨著各種不同的行為、用途，對應出不同的情境。燈具種類也必須配合用途複選，如從嵌燈、可動式嵌燈、聚光燈、吊燈、水晶燈、壁燈、立燈等選擇合適的相互搭配。

在開關控制方面，並非使用一個開關來控制所有燈具的明滅，而是要依照區域來劃分電路，有多種開、關燈的組合模式便利性較佳。此外，也最好能設置調光開關，以便能夠調整亮度。

以加法來配置照明

像客廳這樣寬廣、多用途的房間，必須配合人們的行為，以加法的配置方式思考照明計畫。另外，也要考慮到隨著家庭成員年齡漸長而改變使用空間的情況，因此，較好的做法是針對用途不容易產生變化的場所採用固定式照明，至於用途會逐漸改變的場所則配置立燈等移動式燈具來因應。

此外，如果房間狹窄，可將燈光照射在天花板或壁面上，讓空間看起來較寬廣。如果房間很大，可配合家具配置，將空間分成數個區域、創造不同的光線區塊，營造出空間深度以及令人放鬆的氣氛。

客廳的照明無論是考慮調光、色溫還是演色性，都較適合以白熾燈為主。然而，若是考慮到節能性，還是可以在巧妙地運用白熾燈以外的光源，創造出令人舒適的照明環境。

◆加法的照明配置

❶在中央設置嵌燈

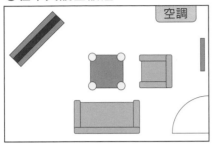

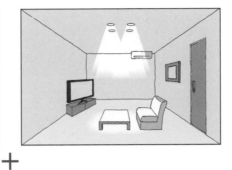

家具多半擺放在客廳的中央，因此可有效地當成主照明

+

❷設置配線管

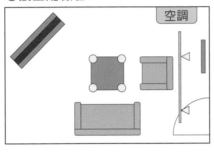

可自由地增加、減少聚光燈的數量，以及移動其位置

+

❸在電視後方設置迷你檯燈

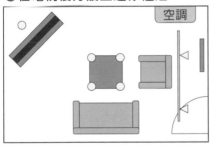

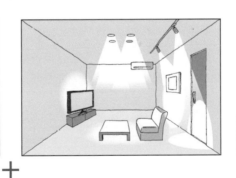

成為讓眼睛舒適的間接照明

+

❹設置立燈

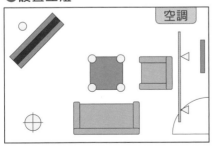

- 使用較少的固定燈具，巧妙地運用可增減的移動式燈具
- 依照燈具組合來劃分電路，並且附上調光開關

如果角落太黑看不清楚，可設置檯燈

1 在照明計畫開始之前

2 照明計畫的基礎

3 住宅空間的照明計畫

4 燈具配置與光源效果

5 非居住空間的照明計畫

6 光源與燈具

7 文件與參考資料

034

客廳的挑高天花板

Point

在挑高空間的天花板或壁面上方設置照明，
以便誘導視覺，強調空間的寬廣。

挑高空間的照明

　　有很多客廳的天花板不是水平四邊形，而是部分或全部挑高，挑高的天花板或單斜面形或山形（▶P128、P130），還有的呈現拱形（拱頂）的。此外，也有挑高部分與二樓連通的情況。

　　天花板挑高的空間中，為了能夠享受空間挑高帶來的舒適感，可在挑高部分的天花板或壁面上方設置照明，來誘導視覺、強調空間的寬廣度。實際操作方式，除了使用聚光燈、或是以壁燈向上方打光之外，也可以藉由懸掛吊燈或水晶燈做為室內設計中的裝飾，賦予空間的存在感，讓燈光大範圍地照射到天花板及整體空間。

考量亮度及維修

　　若挑高空間為生活中主要的活動區域，此時照明燈具必須讓桌面或地面有充分的亮度。但是不建議在挑高的天花板中央設置嵌燈或聚光燈，因為會造成維修上的困難。最近也有部分LED嵌燈產品採用故障時容易更換的模組式，在設置挑高天花板面的照明時，也可考慮選用。一般來說，在壁面設置聚光燈，或是活用吊燈、立燈等燈具都是不錯的方法。

注意燈具的照射方式是否刺眼

　　如果挑高部分與二樓空間相連，就必須注意燈具的照射方式。尤其是做間接照明時，即使從一樓觀看沒有問題，光源或配線也可能會進入二樓觀看者的視野中，造成刺眼的不適感與照明設計的美觀問題，必須要小心。

　　此外，朝上方打燈的照明若是設置的場所不當，也會使得在二樓的人看到時覺得刺眼、不舒適，因此也必須注意。

◆客廳挑高天花板的照明設計

●懸掛吊燈或水晶燈

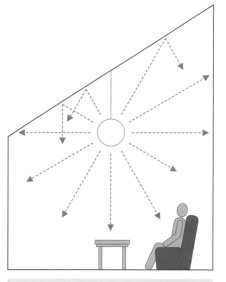

能使空間整體明亮，天花板及壁面上也能得到適度地照射

●以間接照明來照亮天花板

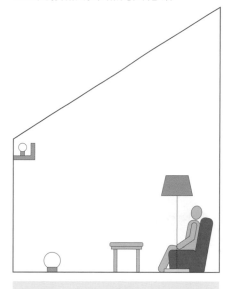

另外使用立燈來照亮地板或桌面

●使用壁燈來照亮天花板
　或壁面上方

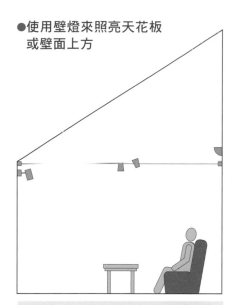

使用裝設在壁面上的聚光燈，照亮接近牆面的區域。挑高空間的中央區域，則使用軌道燈、吊燈或立燈等來照亮

錯誤示範！

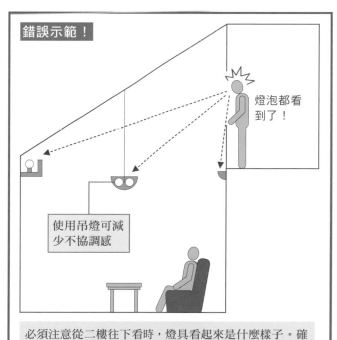

燈泡都看到了！

使用吊燈可減少不協調感

必須注意從二樓往下看時，燈具看起來是什麼樣子。確認是否會刺眼、看起來不舒服，尤其是看到間接照明的燈泡更是令人不快，必須特別注意

1 在照明計畫開始之前

2 照明計畫的基礎

3 住宅空間的照明計畫

4 燈具配置與光源效果

5 非居住空間的照明計畫

6 光源與燈具

7 文件與參考資料

035

飯廳的照明

Point

餐桌的位置、尺寸與照明間的協調相當重要。

更完美地呈現食物與人的氣色

用餐空間的照明，不僅要使食物及飲料看起來更加美味，讓圍著餐桌的人看起來有好氣色也很重要。在這樣的條件下，最適合使用白熾燈。

此外，也有人會在餐桌上看書、看報紙或念書等。因此，如果要兼具功能面及營造團聚空間的氣氛，在餐桌上方懸掛吊燈是非常普遍的做法。

活用調光開關

使用調光開關不僅能讓照射在餐桌上的燈光呈現出光輝、明亮的狀態，也能營造出親密的氣氛。

至於在燈具方面，除了配合餐桌大小懸掛一～三座吊燈的方法外，也可使用嵌燈或聚光燈從天花板照向餐桌。

如果房間不夠寬廣，吊燈可能會產生壓迫感、變成令人感到侷促的原因。這時，建議可以使用嵌燈或聚光燈讓空間看起來更寬廣。此外，如果飯廳空間很小，燈光只要照在餐桌上就足夠了。

與餐桌的關係也要納入考量

飯廳的照明與餐桌位置的關係相當重要。在建築設計的階段，就必須大致上決定好餐桌的位置。此外，也要注意餐桌與燈罩大小的平衡，以及吊燈與餐桌的距離。

另一方面，不少住宅的飯廳是與客廳、廚房的空間合為一體、或是呈現半開放狀態，因此也必須考量到來自其他空間的照明干擾，讓整體空間可以呈現出統一性與平衡感。

◆照明與餐桌的關係

●一般四人餐桌

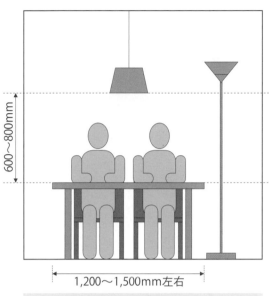

600〜800mm

1,200〜1,500mm左右

在餐桌上懸掛吊燈。在坐著的狀態下，能夠看清楚對方的臉的高度大約是600〜800mm左右。如果吊燈隨便懸掛，燈光給人的感覺也會變得隨便

●大型餐桌

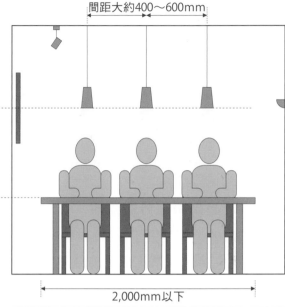

間距大約400〜600mm

2,000mm以下

●配合餐桌及燈具的大小來改變燈具的數量，或是同時使用聚光燈、壁燈或立燈
●如果想讓房間變得明亮，也可同時使用立燈與嵌燈

●天花板較低、房間較狹窄的情況

由於吊燈可能會產生壓迫感，因此使用聚光燈或嵌燈

●餐桌的位置不固定

如果吊燈位置固定，當餐桌的位置移動時就會難以配合，這時可使用軌道式聚光燈因應

1 在照明計畫開始之前

2 照明計畫的基礎

3 住宅空間的照明計畫

4 燈具配置與光源效果

5 非居住空間的照明計畫

6 光源與燈具

7 文件與參考資料

036 廚房照明

Point

使用整體照明及作業燈,
以確保「充分的亮度」及「色彩呈現的美觀程度」。

作業時必須有充分的照明

住宅中,廚房是作業最頻繁的空間,因此需要充分的亮度,並且讓食材及餐具呈現出美麗的色彩(演色性)。

在亮度方面,應該在天花板及其附近設置整體照明,除了可以照亮整個房間外,也能輕易地確認架子上的物品。至於燈具,則可使用嵌燈或整體照明用的螢光燈等。

另一方面,為了避免執行作業的流理台、瓦斯爐或工作台上產生不必要的陰影,可使用嵌燈或螢光燈具當做作業燈(廚房燈)。此外,也必須盡可能避免讓整體照明、手邊作業燈的明亮光源直接刺入視野,讓人產生不適感。

與客廳、飯廳的整體搭配

廚房在室內設計時經常與飯廳及客廳等放鬆、休息的空間連結,形成一個整體。因此,在照明設計方面,也得要一定程度地統一飯廳及客廳所使用的光源及色溫,呈現整體感的效果較好。舉例來說,如果飯廳及客廳的光源屬於燈泡色,那麼廚房最好也能統一使用燈泡色,讓空間的整體感較能表現出來。

如果是開放式的廚房,廚房四周的照明空間也關係到氣氛的營造,因此不能只是達到機能性而已,在照明計畫上也必須設計得很有魅力。如果從客廳及飯廳能看到裝設在廚房的燈具,那就必須注意燈具本身的設計合不合適。

若是在廚房與飯廳之間設置開放式吧檯的話,可以在吧檯上方安裝嵌燈燈具,讓吧檯桌面能照射到明亮的燈光。

此外,也要為廚房及飯廳的照明設置不同的開關,使這兩個地方的照明都可分別地開、關燈。

◆廚房照明的配置範例

●基本配置

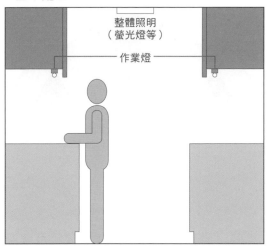

整體照明
（螢光燈等）

作業燈

在廚房中央的天花板安裝整體照明、在手邊安裝作業燈是廚房照明的基本

●開放式廚房

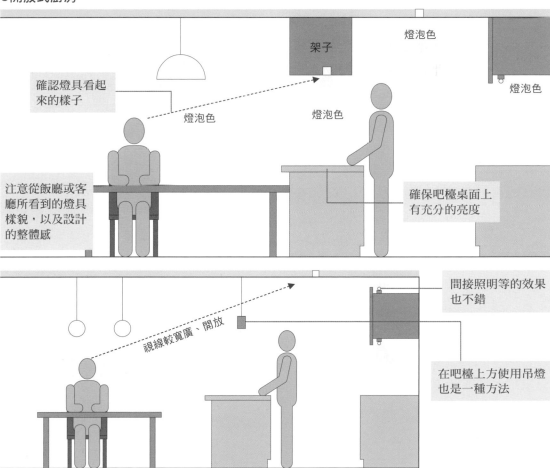

燈泡色

架子

燈泡色

燈泡色

確認燈具看起來的樣子

燈泡色

注意從飯廳或客廳所看到的燈具樣貌，以及設計的整體感

確保吧檯桌面上有充分的亮度

間接照明等的效果也不錯

視線較寬廣、開放

在吧檯上方使用吊燈也是一種方法

1 在照明計畫開始之前

2 照明計畫的基礎

3 住宅空間的照明計畫

4 燈具配置與光源效果

5 非居住空間的照明計畫

6 光源與燈具

7 文件與參考資料

037

寢室的照明

Point

注意不要讓燈泡刺眼的光線直接照到眼睛。

打造舒適的睡眠與起床環境

寢室是讓人躺下來休息的房間，照明也要營造出能夠讓人放鬆的氣氛。在思考燈具的安裝方式時，要從各種狀況來考量，如將要入睡時、躺在床上或棉被裡時、或是上半身坐起來時，都必須注意不要讓燈泡刺眼的光線直接進入眼睛，以免趕跑睡意。

另外，在早上起床時，為了在微暗的早晨中也能舒適、清爽地醒來，寢室內要有充分的亮光。尤其是陽光無法照射到的房間，就必須考慮以人工照明來補強。

讓照明能夠調光

寢室最重要的是要能使人放鬆，因此最好能讓所有的照明都能夠調光。不僅可使用嵌燈、或吸頂燈來做為整體照明，也可在牆壁上裝設壁燈做為間接照明使用。或是不在天花板或壁面上裝設固定式照明燈具，而是僅以多座立燈來取得所需的亮度也是可行的。

為了方便半夜起床上廁所，也可以安裝只照亮腳邊的腳燈，這樣一來就能防止醒來後被刺眼的光線照射到。腳燈適合使用耗電量低、亮度也較弱的LED照明，如夜燈一般使用。

在手邊安裝控制開關

有些人可能會在睡前讀書、或是在床頭邊放置時鐘等小東西。因此，寢室除了在天花板安裝整體照明外，也可以在床邊設置照明，提高便利性。

也能在床邊擺放立燈做為照明，並且利用手邊的開關來控制燈的明滅。此外，為了讓人躺在床上就能控制所有照明燈具的開、關，建議可在床邊安裝與房間入口旁的開關連動的三路開關。

◆寢室照明的配置範例

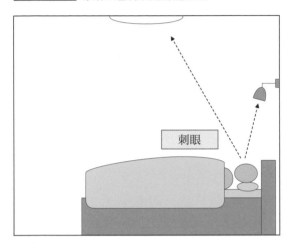

不良設計　躺下時，燈泡的光線進入視野，導致太過刺眼而妨礙睡眠

刺眼

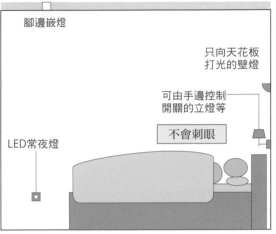

優良設計　燈泡的光線不會進入視野，可在床上調整照明光量

腳邊嵌燈

只向天花板打光的壁燈

可由手邊控制開關的立燈等

LED常夜燈

不會刺眼

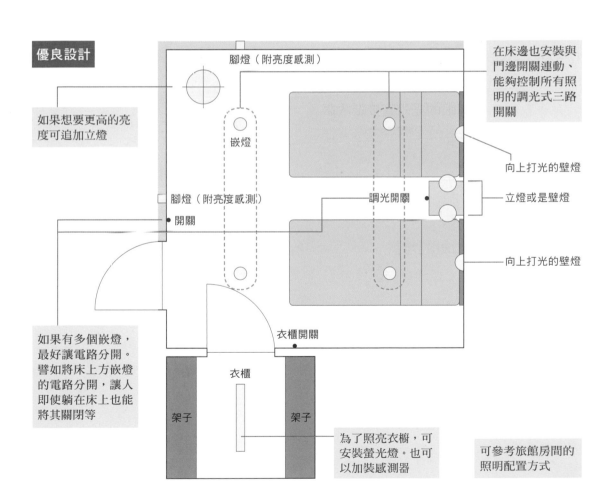

優良設計

腳燈（附亮度感測）

如果想要更高的亮度可追加立燈

嵌燈

腳燈（附亮度感測）

開關

調光開關

在床邊也安裝與門邊開關連動、能夠控制所有照明的調光式三路開關

向上打光的壁燈

立燈或是壁燈

向上打光的壁燈

如果有多個嵌燈，最好讓電路分開。譬如將床上方嵌燈的電路分開，讓人即使躺在床上也能將其關閉等

衣櫃開關

衣櫃

架子

架子

為了照亮衣櫥，可安裝螢光燈。也可以加裝感測器

可參考旅館房間的照明配置方式

1 在照明計畫開始之前

2 照明計畫的基礎

3 住宅空間的照明計畫

4 燈具配置與光源效果

5 非居住空間的照明計畫

6 光源與燈具

7 文件與參考資料

038

和室的照明

Point

不一定要拘泥於仿和紙的燈具，
也可以使用嵌燈或聚光燈來營造氣氛。

▎確認房間的功能

和室的用途有很多，譬如用來做為附屬於客廳的一個角落，做為獨立的客房、高齡者的主要生活空間等等。因此，和室照明計畫的思考方針，也會隨著房間的位置和用途而改變。

若是做為西式客廳的一角，在概念上就相當於生活的主要空間，因此，訂定照明計畫時的思考邏輯就等同於客廳，必須展現出與西式客廳一致的整體感。

▎不用拘泥於仿和紙的燈具

一般在和室中，經常會安裝以螢光燈為光源的仿和紙吊燈或吸頂燈。不過，和室其實還有許多適合搭配照明的素材，例如使用嵌燈或聚光燈來營造氣氛，也是一種方式。

不過，嵌燈或聚光燈無法照亮天花板，如果想要在燈光照射下呈現出美麗的天花板木紋，可以合併使用較低的立燈等其他燈具。

至於壁龕，則使用以白熾燈或燈泡色螢光燈為光源的間接照明，讓柔和的漸層光線由上往下照射。再者，如果壁龕中放置花瓶等裝飾，可以在垂壁後方安裝以窄光束鹵素杯燈為光源的聚光燈，讓燈光只打在花瓶上。透過這樣的安排，就能強調出壁龕本身所具有的類似展示空間的性質。

▎高齡者使用的情況

如果將和室當成高齡者的主要生活空間，也必須考量視力衰退的情況，設置能讓房間整體變得更明亮的主照明。

此外，大部分的和室天花板及牆壁都不是白色，而是褐色或米色，因此反射率較低，若是規劃照明時忽略這點，先依照設置白色房間照明的經驗來考量，不管怎麼做，最後照明效果都會比較暗。

◆和室照明的配置範例

●平坦天花板＋吸頂燈

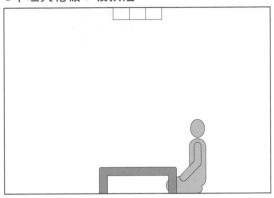

●格子天花板＋吊燈

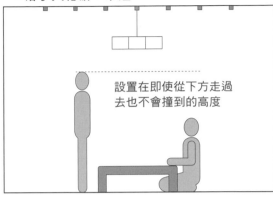

設置在即使從下方走過去也不會撞到的高度

●使用西式燈具

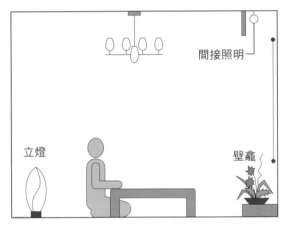

間接照明

立燈

壁龕

●使用嵌燈或聚光燈

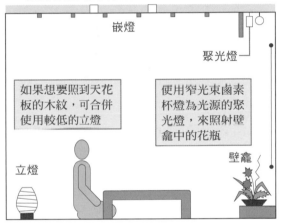

嵌燈

聚光燈

如果想要照到天花板的木紋，可合併使用較低的立燈

使用窄光束鹵素杯燈為光源的聚光燈，來照射壁龕中的花瓶

立燈

壁龕

●高齡者使用的情況

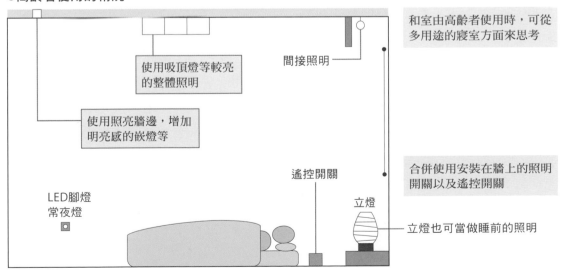

使用吸頂燈等較亮的整體照明

間接照明

使用照亮牆邊，增加明亮感的嵌燈等

遙控開關

LED腳燈
常夜燈

立燈

和室由高齡者使用時，可從多用途的寢室方面來思考

合併使用安裝在牆上的照明開關以及遙控開關

立燈也可當做睡前的照明

1 在照明計畫開始之前

2 照明計畫的基礎

3 住宅空間的照明計畫

4 燈具配置與光源效果

5 非居住空間的照明計畫

6 光源與燈具

7 文件與參考資料

039

書房・兒童房・儲藏室的照明

Point

兒童房必須讓亮光充滿整個房間；
儲藏室及衣櫃的照明則需要能夠看清楚收納物品的亮度。

▌書房的照明

書房中，可在天花板上安裝整體照明，並且在桌上則設置作業用的辦公照明，例如在桌上放置檯燈（▶P104）。若書桌上方有架子，也可將螢光燈安裝在架子下方。

設置的照明必須能夠以手邊的開關來控制明滅，且充分照亮桌面，燈具在設計上或安裝時，也要注意光源不可進入視野。此外，電腦螢幕有可能反射整體照明或是局部照明的光源，造成看不清楚（反射眩光）螢幕的情形，因此除了要注意燈具的設計，安裝的位置也是考量重點。

▌兒童室的照明

兒童和成人不同，他們會在房間的各個角落進行各種活動，行為難以預測，因此適合使用嵌燈或吸頂燈做為兒童房的主照明，讓亮光充滿整個房間。然後，另外設置檯燈以方便他們閱讀或念書。

在光源種類方面，使用螢光燈或白熾燈都可以。光色也可依照喜好來選擇，如果想要營造活潑一點的氣氛，可傾向使用白光；重視放鬆的氣氛則可傾向燈泡色光。

▌儲藏室及衣櫃的照明

對於儲藏室及衣櫃的照明來說，最重要的是能夠確實地看清楚收納於其中的物品。因此，建議使用白光螢光燈。白光螢光燈光源具有充分的亮度，能夠清楚看見放在架子上的物品，甚至能確實地分辨黑色與深藍色的衣服（演色性佳）。

基本上，儲藏室的光源多會安裝在房間中央，並依照房間大小來決定燈具數量。也可以使用以螢光燈為光源的嵌燈，但是必須留意選擇配光角（光源照射的範圍）較大的產品為宜。收納空間如果很深如壁櫥，可在每一層收納空間都裝上螢光燈。此外，如果裝上人體感測器，就可避免忘記關燈的情形。

◆書房照明配置範例

避免局部照明的光源進入視野

如果在此安裝照明燈具,電腦螢幕會反射明亮的光源

光源光色統一使用白光或燈泡光

◆兒童房的照明配置範例

設置能照到手邊的檯燈

以嵌燈或吸頂燈做為整體照明,讓整個房間充滿亮光

如果兼具寢室功能,只要準備間接照明即可

◆儲藏室、衣櫃的照明配置例

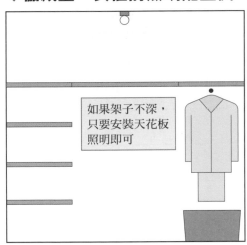

如果架子不深,只要安裝天花板照明即可

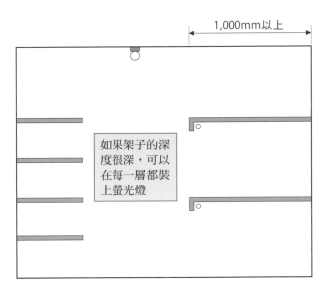

1,000mm以上

如果架子的深度很深,可以在每一層都裝上螢光燈

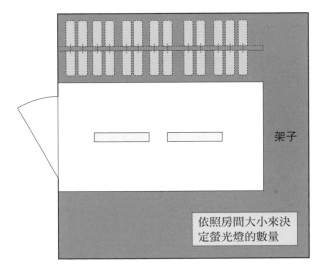

架子

依照房間大小來決定螢光燈的數量

1 在照明計畫開始之前

2 照明計畫的基礎

3 住宅空間的照明計畫

4 燈具配置與光源效果

5 非居住空間的照明計畫

6 光源與燈具

7 文件與參考資料

040

廁所·浴室·盥洗室的照明

Point

廁所的照明因為每次進出時就會開關一次,因此使用白熾燈或LED燈比較適合;
至於盥洗室的照明則需選用演色性較高的光源。

▌廁所與浴室的照明

廁所的照明在每次進出時,就會重複開關一次,因此使用亮燈速度快的白熾燈或LED燈較適合。而附上感測器也能有效地防止忘記關燈的情形。燈具可使用嵌燈、迷你吸頂燈、壁燈等,通常只需要一個就夠了。

燈具安裝在廁所的中央,以便照亮整個房間。如果廁所內部有洗手台,可以在洗手台上方加裝鹵素燈或嵌燈等,能夠營造出更好的氣氛。

至於浴室照明,重點是要讓房間整體看起來明亮、乾淨,而且要使用防水效果比防潮型燈具效果更好的防水產品。嵌燈、吸頂燈、壁燈等都是經常使用的燈具。如果浴室內設有鏡子,考量到會在鏡子前刮鬍子,所以周圍也一定要有充足的亮度。

也可以在浴室安裝間接照明、調光開關等,營造出有氣氛的空間。

▌盥洗室的照明

盥洗室的照明以洗臉台與鏡子的組合為中心。由於每天都會在盥洗室進行健康管理、化妝等,因此為了讓氣色看起來較佳、以及避免過於凸顯臉上的陰影,可在鏡子的上部或左右兩側安裝壁燈往臉上打光。壁燈必須選擇演色性較高的光源,才能正確地呈現臉上的妝色、氣色。如果房間不大,一般的亮度就已經足夠。

此外,如果在洗臉槽的正上方,安裝一個以鹵素燈為光源的嵌燈、聚光燈,或是性能相當的LED嵌燈,洗臉槽就會變得明亮,也能看見來自下方的反射光,提高氣氛的層次。

此外,洗衣機也經常會放置在盥洗室,因此最好讓照明達到能夠清楚看見洗衣槽內部的亮度。在這種情況下,可配合房間大小,在天花板安裝嵌燈來當成主照明。

◆廁所照明的配置範例

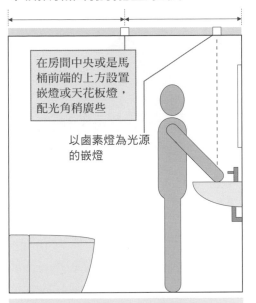

在房間中央或是馬桶前端的上方設置嵌燈或天花板燈，配光角稍廣些

以鹵素燈為光源的嵌燈

在洗手台上方設置配光角較窄的鹵素燈，能夠營造出更好的氣氛。如果廁所很大，也可以設置間接照明

◆浴室照明的配置範例

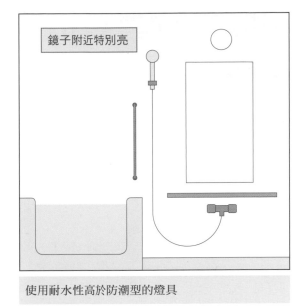

鏡子附近特別亮

使用耐水性高於防潮型的燈具

◆盥洗室照明配置範例

透過鏡子左右方的壁燈，以及上部的間接照明，讓鏡中的臉不會出現不自然或是太強烈的陰影，臉色看起來會更好、更自然

在鏡子後方設置間接照明

嵌燈裝在通道的中央

可在洗臉槽上方安裝鹵素嵌燈

使用嵌燈做為主照明

將壁燈裝在鏡子左右兩側

洗衣機

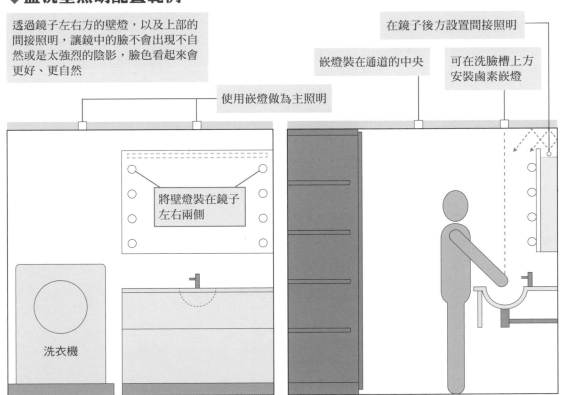

1 在照明計畫開始之前

2 照明計畫的基礎

3 住宅空間的照明計畫

4 燈具配置與光源效果

5 非居住空間的照明計畫

6 光源與燈具

7 文件與參考資料

041

走廊·樓梯的照明

Point

考量上下樓梯的動線，
注意「光源與視線的關係」及「設置位置」。

走廊的照明

走廊的照明可以利用開關位置及感測器等的設置來防止忘記關燈、節約能源。如果走廊寬度較窄，少量的照明就已足夠。如果走廊很長，為了從兩端都能控制燈的明滅，可以安裝三路開關，或是裝設只要有人經過就會亮燈的人體感測器。

走廊如果有擺放書架、角落桌或是收納空間，可配合需求在各個場所追加照明。再者，將這些照明的開關一個個獨立出來，使用上會更方便。在設置壁燈時，考量走廊寬度較窄，便可在造型上選擇凸出處較少的燈具，而且要安裝在稍微高一點的地方，以免被人撞到。此外，考量到深夜上廁所的安全性，也要另外設置LED燈等較暗的腳燈。

樓梯的照明

為了能夠看清楚樓梯的高低差，樓梯的照明必須要有充分的亮度。隨著上下樓梯時視線高度的改變，視野中光源的相對位置也會跟著改變。如果在接近視線處有明亮的光源，會造成眼睛刺眼導致看不清楚腳邊而踩空的意外。為了避免發生這樣的情形，必須十分注意光源與視線的關係、以及安裝的位置。

另外要注意的是，設置在樓梯上的光源比房間中的光源更難進行更換燈泡等維修作業。這時，壽命最長的LED燈特別能凸顯出使用的好處。

在安裝位置上，如果將壁燈安裝在較低的位置，雖然維修上較方便，但必須測試光源是否會刺眼、或是妨礙人通行。若在樓梯間的天花板上懸掛吊燈，也要確認是否在上下樓梯時產生刺眼的問題。在挑高處，則是建議最好不要設置嵌燈。

此外，和走廊一樣，在樓梯另外設置LED腳燈可方便深夜步行。如果重視氣氛，也可將角燈當成主要的樓梯照明光源。

◆走廊照明的配置範例

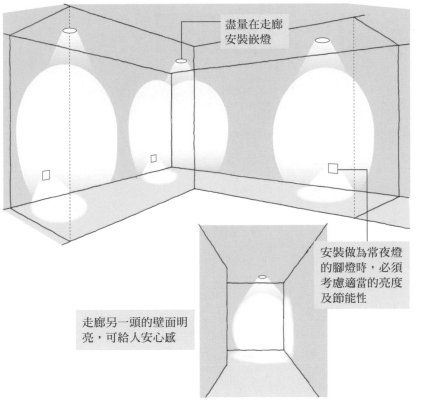

盡量在走廊安裝嵌燈

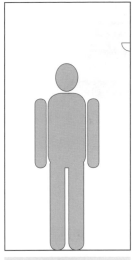

如果走廊狹窄,可使用小型壁燈,並且安裝在頭頂稍高的地方

安裝做為常夜燈的腳燈時,必須考慮適當的亮度及節能性

走廊另一頭的壁面明亮,可給人安心感

◆樓梯照明的配置範例

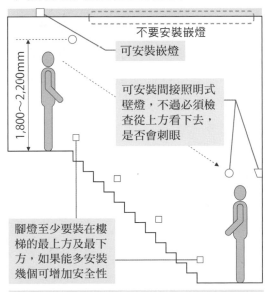

不要安裝嵌燈

可安裝嵌燈

可安裝間接照明式壁燈,不過必須檢查從上方看下去,是否會刺眼

1,800～2,200mm

腳燈至少要裝在樓梯的最上方及最下方,如果能多安裝幾個可增加安全性

壁燈安裝在容易維修的位置,並且在外觀造型上選擇凸處較少的產品

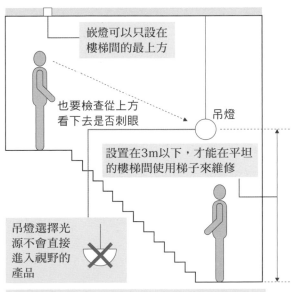

嵌燈可以只設在樓梯間的最上方

也要檢查從上方看下去是否刺眼

吊燈

設置在3m以下,才能在平坦的樓梯間使用梯子來維修

吊燈選擇光源不會直接進入視野的產品

如果有安裝電動升降裝置,就可自由安裝吊燈或吸頂燈

1 在照明計畫開始之前

2 照明計畫的基礎

3 住宅空間的照明計畫

4 燈具配置與光源效果

5 非居住空間的照明計畫

6 光源與燈具

7 文件與參考資料

042

玄關・玄關口的照明

Point

玄關的照明要安裝在能夠看清人臉的位置。
玄關口則選用比防潮或防雨型耐水性更好的燈具。

▌玄關的照明

　　玄關不僅是讓人回家時馬上可以放鬆、安心的場所，也是迎接客人的地方。因此，照明必須要有一定以上的亮度，嵌燈、吸頂燈、壁燈等都很適合。設置的位置最好是一開門時，能讓進入的人與迎接的人彼此清楚看見對方。

　　在進入玄關後直接面對屋內牆壁的情況下，要是壁面很暗，即使玄關很亮也會給人昏暗的印象。因此，這種格局的房子必須在玄關面對的牆壁上照射明亮的燈光，給人開闊的感覺，讓進來家裡的人能夠有良好的第一印象。

　　光源可以採用螢光燈或白熾燈，若使用燈泡色也能給人溫暖的印象。

　　此外，為了方便回家時開燈，玄關的開關盡量裝在門附近。如果能在室內安裝另一個開關，使之成為三路開關，使用上會更方便。

▌玄關口的照明

　　玄關口是訪客對這間房子的第一印象。適用於玄關口的照明有裝在門旁的壁燈、聚光燈，以及裝在屋簷下的嵌燈或吸頂燈等。不管使用哪一種，一定都要選擇防水效果高於防潮型或防雨型的燈具。

　　考量設計感及空間大小後，也可以使用較矮的燈柱，或是埋在地板下的埋地燈來增添氣氛。

　　只在門旁裝一個壁燈或聚光燈的情況下，一定要裝在開門側，如果裝在絞鏈側，訪客打開門後就會遮住光線而處於黑暗中，這點必須注意。

　　此外，也可加裝人體或亮度感測器、定時器等來控制照明的明滅，不僅可防盜，也同時具有節能效果。

　　如果還有庭院的大門等必要照明區域，在評估腹地整體的面積後，基於防盜及步行安全的考量，可考慮在必要的部分加裝照明。

◆玄關的照明配置範例

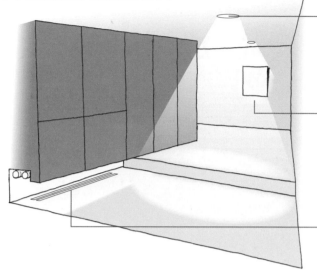

在玄關的上方安裝嵌燈或吸頂燈，或是在牆上安裝壁燈，都是為了讓訪客及主人能夠看清楚對方的臉，而採用較廣的配光方式

打亮進門時所面對的牆壁，給人良好的第一印象

如果在收納櫃下方裝入間接照明，必須檢查燈具是否會因為地板的反射而被看到，造成視覺上的不美觀

◆玄關口的照明配置範例

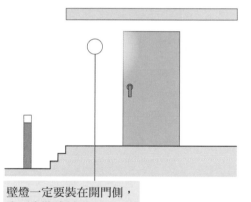

壁燈一定要裝在開門側，也可安裝感測器

光　　　　影

不良設計

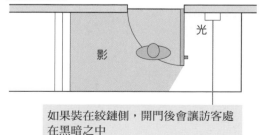

影　　　　光

如果裝在絞鏈側，開門後會讓訪客處在黑暗之中

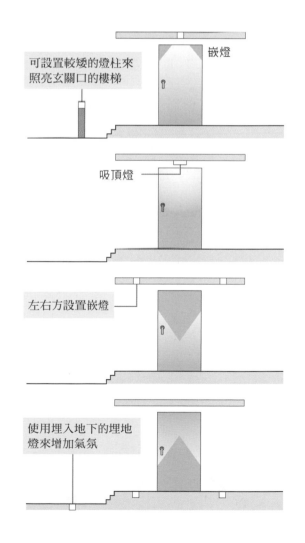

可設置較矮的燈柱來照亮玄關口的樓梯

嵌燈

吸頂燈

左右方設置嵌燈

使用埋入地下的埋地燈來增加氣氛

1 在照明計畫開始之前

2 照明計畫的基礎

3 住宅空間的照明計畫

4 燈具配置與光源效果

5 非居住空間的照明計畫

6 光源與燈具

7 文件與參考資料

043

庭院·陽台·露台的照明

Point

將庭院、陽台和露台的照明管線埋在地底，
而且開關要能從室內就可以控制。

使用於戶外的照明

在庭院、陽台、露台等戶外空間使用的照明手法，包括從地板照向植栽與樹木、朝圍籬與牆壁打光以呈現出視覺上的深度、照亮地面以強調步行的安心感及地面的寬廣感等等。透過這些手法，也能同時讓每個角落營造出舒適的氣氛。戶外照明的重點在於，與其集中照亮一處，不如使用多個小型燈具，來營造視覺上的深度與廣度。

在燈具方面選用防雨型或防水型，並且以感測器或定時器來控制照明的開或關，使用人體感測器最重要的是可用來嚇阻外來侵犯。

光源除了適用節能性高的螢光燈之外，選用LED燈的情形也增加了。設置燈具時，必須注意照射的方向與燈光所需的亮度，以免讓住在周圍的人或路過的人感到刺眼、不舒服。

營造室內室外的連續性

透過適當的照明配置技巧，在室內就能看見庭院或陽台，即使在夜間也能營造出與室內空間的連續性，讓生活空間的表現更豐富。

營造室內與室外連續性的第一要件是注意明暗平衡。

一年當中將玻璃窗打開、使室內外聯通的時間並不多，大部分都是隔著玻璃觀賞庭院的狀態。這時如果室內比室外亮，玻璃面就會變得像鏡子一樣反射室內的光線，阻擋往戶外延伸的視覺效果。因此，若要營造從室內往戶外延伸的感覺，只要使用調光開關，讓室外比室內稍亮一些，就能做到，而營造出平衡的明暗分布，正是其中必要的技巧（▶P136）。

在實際做法上，可以在靠近窗戶的戶外地板打上局部光；如果是狹窄的陽台或露台，也可在欄杆較低的地方、植栽花盆或花園的裝飾上打光，都不失為有效的方法。

◆庭院、陽台、露台的照明配置範例

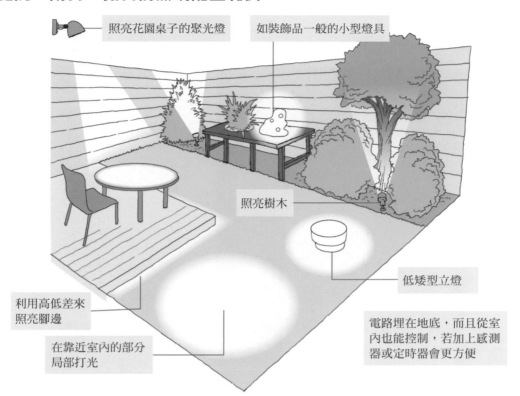

照亮花園桌子的聚光燈

如裝飾品一般的小型燈具

照亮樹木

低矮型立燈

利用高低差來照亮腳邊

在靠近室內的部分局部打光

電路埋在地底，而且從室內也能控制，若加上感測器或定時器會更方便

◆戶外使用照明的種類

使用於庭園等戶外空間的照明燈具，需要的防水性能與室內用的燈具不同，因此必須選擇戶外專用的產品

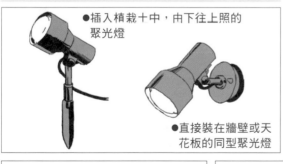

●插入植栽十中，由下往上照的聚光燈

●直接裝在牆壁或天花板的同型聚光燈

●埋在地板下，由下往上照射

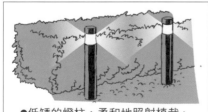

●低矮的燈柱，柔和地照射植栽、地板。可選用附有亮度感測器或定時器的產品

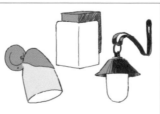

●裝在牆上的壁燈，有各種外型設計

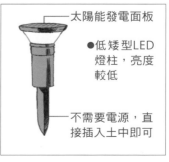

太陽能發電面板

●低矮型LED燈柱，亮度較低

不需要電源，直接插入土中即可

1 在照明計畫開始之前

2 照明計畫的基礎

3 住宅空間的照明計畫

4 燈具配置與光源效果

5 非居住空間的照明計畫

6 光源與燈具

7 文件與參考資料

▌施工實例 ||||||||||||||||||||||||||||||||||||||||||||||||||||||

◆玄關的照明

照亮後方壁面能夠讓人感到安心，產生良好的氣氛。此外，以燈光來強調高低差能夠避免走路時絆倒

◆腳邊的間接照明

如果利用收納櫃的下方來設置間接照明，必須注意光線如何擴散，以及地板的材質等等。舉例來說，如果地板表面容易反光（如圖2），可能會反射出燈具，使燈具看起來像是故意要讓人看見一樣，必須多注意

1 在照明計畫開始之前
2 照明計畫的基礎
3 住宅空間的照明計畫
4 燈具配置與光源效果
5 非居住空間的照明計畫
6 光源與燈具
7 文件與參考資料

◆ 寢室的照明

不需要照亮整間寢室，只需配置少量的必要照明，譬如床邊的立燈。如果要在天花板上安裝照明燈具，則要將燈具安裝在靠近床腳上方的位置，盡量避免安裝在仰躺時視線可及之處

◆ 夜間步行用照明

為了夜間步行安全而設置的小型腳燈，必須使用不刺眼、不會對睡眠帶來太大妨礙的燈具

◆ 和室的照明

和室的照明和起居室、飯廳的照明一樣，必須安裝在家具上方或是想要重點呈現的位置。照片中的例子是日本料理店，由於桌子擺在房間的中央，因此照明也必須往中間集中。至於大房間的展示空間，則使用間接照明來營造氣氛

照片　〈1～5〉提供：大光電機　〈6、7〉提供：熊本新大谷飯店

▌施工實例 ||||||||||||||||||||||||||||||||||||||||||||||||||

◆飯廳、起居室的照明

基本上，會依照家具的配置來安裝多個必需的照明。在選擇燈具與思考配置方式時，必須從天花板照明與立燈的組合，以及空間的功能性與視覺上的舒適度兩方面來考慮。照片中透過房間角落設置的照明燈具，來強調空間的深度與壁面質感

利用接近地板與照亮天花板的兩種照明，來強調空間高度，給人寬廣的感覺

◆盥洗室的照明

在鏡子周圍安裝能夠充分照亮臉部的壁燈。與嵌燈一起使用，能夠讓空間變得更華麗

照片 〈8、9〉業主：向日葵、提供：作者 〈10、11〉提供：大光電機

044

全面照明‧局部照明

Point

依照明燈具的配置方式來分類，
可分成「全面照明」、「局部照明」、以及「局部全面照明」。

全面照明

全面照明是讓光線平均地照射在整個目標範圍的燈具配置方式，也稱為基礎照明。辦公室、學校及大規模的商業設施等空間會以作業為優先考量，每個房間內的角落都需要相同的照明環境，因此較常採用全面照明為基礎的照明計畫。另一方面，小規模店鋪等場所的照明，則以為商品打光、營造氣氛為主，通常在設計時不會採取全面照明的方式。

而全面照明也會使用於住宅的客廳、飯廳、廚房以及各個房間等空間中。但是，其實住宅照明只要能夠配合居住者的工作及行為模式即可，並不是非得採用全面照明不可。

局部照明

局部照明是配合作業型態及目的，只將光線打在特定的小範圍及其周邊的照射方式。這種照明方式用於需要局部性高照度的場合，常使用的燈具包括檯燈、閱讀燈、聚光燈、聚光燈型嵌燈、廚房用作業燈等等。除了作業用照明以外，為牆上的畫打光所使用的照明也稱為局部照明。

局部全面照明

局部全面照明是指使用局部照明有效率地照亮桌面、流理台面等作業場所，至於其他場所則以較低的照度來照亮整體空間。

「辦公‧環境照明」（Task-ambient lighting）可說是局部全面照明的代表。其中，「辦公照明」指的是個別單位的作業燈，而「環境照明」則是照亮整體環境的意思。這種照明方式多半用在辦公室及圖書館的閱覽室，是一種能夠有效節省照明能源的方法。

不過，辦公照明的方式不容易配合座位配置變更而移動，因此若有座位配置更動的話，使用活動式檯燈補強，會比較簡便些。

◆照明方式的方類

●辦公室等作業空間的照明配置

全面照明

●光線均等地照射目標範圍

局部照明

●只照射特定的小範圍及其周邊

局部全面照明（辦公・環境照明）

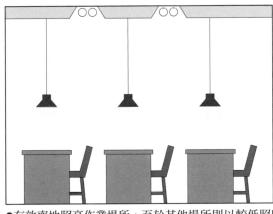

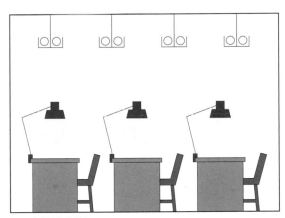

●有效率地照亮作業場所，至於其他場所則以較低照度來照亮整體空間
●左圖的照明燈具不能配合辦公桌的移動；而右圖使用檯燈，比較容易配合辦公桌位置的移動

●使用嵌燈做為照明燈具的配置

全面照明

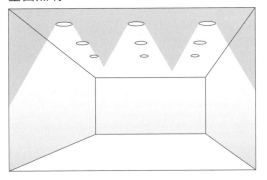

局部照明

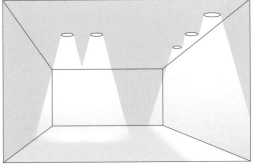

1 在照明計畫開始之前

2 照明計畫的基礎

3 住宅空間的照明計畫

4 燈具配置與光源效果

5 非居住空間的照明計畫

6 光源與燈具

7 文件與參考資料

045

投光照明・結構性照明

Point

「投光照明」是能營造氣氛的照明，如展示照明等。

「結構性照明」則是將燈具或光源隱藏在建築物或室內裝潢中的照明。

投光照明

照明方式的分類，除了全面照明與局部照明之外，還有投光照明與結構性照明。

投光照明原本是照亮棒球場或運動場等戶外空間的照明方式之一，但現在也被應用在各種室內空間。如使用聚光燈、或嵌燈的展示照明等之類的投光照明，不僅相當具有功能性，還被廣泛地使用在營造氣氛的場合。在燈具的選擇方面，建議使用較不顯眼的燈具。此外，投光照明也有以聚光燈照向天花板、再利用其反射光做間接照明手法。

結構性照明

結構性照明是指將照明埋進天花板或牆壁內、或是將燈具及光源隱藏在建築及室內設計的裝修成品中，以照亮天花板、牆壁或地板等空間。大部分的間接照明都可說是結構性照明，代表性的手法包括反射式照明、遮光式照明、平衡式照明、流明天花板、發光牆、發光地板等（▶P108～P117）。

結構性照明基本上必須在盡量不損及建材及裝潢材料之下，讓人看到的只有照射在天花板或牆上的光。使用這種手法時，如果燈具或光源從某個角度或位置可以看見、或被牆面或地板反射而被看到、或是半透明裝潢材料無法完全遮擋的話，就像機關原理被識破一樣，失去了原意與美感。

在思考建築、室內與照明的關係時，要點之一便是，如果一個房間有多種照明燈具，看起來會顯得繁雜。如果想在取得充足亮度的同時也保有清爽的空間，除了盡量統一燈具的設計、讓燈具配置有規則之外，使用燈具外觀不露出的結構性照明也能得到很好的效果。從這點來看，結構性照明相當適合設計簡潔、具現代感的建築及室內的風格。

◆投光照明

●如使用聚光燈或嵌燈的展示照明等，被廣泛使用在營造氣氛上

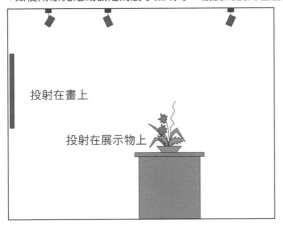

投射在畫上

投射在展示物上

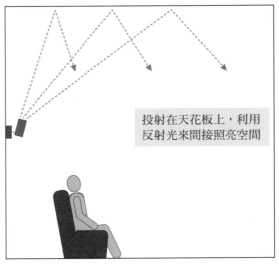

投射在天花板上，利用反射光來間接照亮空間

◆結構性照明

●將照明埋進天花板或牆壁內，讓燈具及光源不會被看到，與建築或室內設計融為一體

●反射式照明

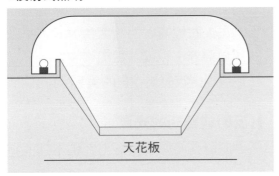

天花板

●遮光式照明

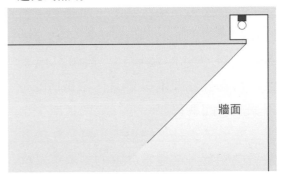

牆面

●平衡式照明

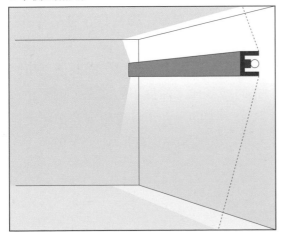

●流明天花板

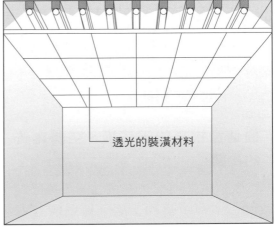

透光的裝潢材料

1 在照明計畫開始之前

2 照明計畫的基礎

3 住宅空間的照明計畫

4 燈具配置與光源效果

5 非居住空間的照明計畫

6 光源與燈具

7 文件與參考資料

046

反射式照明

Point

燈具朝天花板照射，藉由反射光照亮空間的同時，
也強調「空間朝上方延伸」的感覺。

反射式照明

反射式照明是結構性照明的代表性手法。以燈具照射天花板，藉由反射光照亮空間，同時也將視線引導至天花板方向，強調空間朝上方延伸的感覺。

反射式的照明計畫中，強調的是光的擴散性，因此照明燈具的配置必須注意不可破壞光的連續性。而維持連續性的重點就在於燈具與燈具之間不可出現間隔，因為只要一有間隔就會產生陰影。為了防止這種情形，可將螢光燈具做斜向配置，讓燈管發出的光源可以重疊起來。如果使用兩端均可發光的無縫燈條（▶112），則應緊鄰配置，同樣也是要讓光線可以連續。

此外，也要留意反射式照明燈具隱藏的空間尺寸、與天花板間的距離等，這些都會影響照射範圍。

最適合挑高的天花板、空間寬敞的房間

反射式照明使用在可強調距離感的房間時，效果最好，如面積稍大的房間、細長的房間、天花板高的房間等。如果使用於天花板低矮又狹窄的房間，人的視線很自然地會從天花板被引導至牆面，這麼一來，使用反射式照明就無法達到預期的效果，反而給人干擾的印象。

在天花板照射的範圍內，必須不設置任何東西，也就是採用清爽設計，這樣更能夠展現出天花板的美。

反射式照明的光源

反射式照明可以使用各種不同的光源。主要以連續設置的白熾燈、或是調光型螢光燈占多數，不過，最近也經常使用具有長壽命、體積小等優點的LED燈。

亮度控制十分重要，因此使用可調光的燈較佳。如果不能調光，則要注意裝設空間的尺寸，以免出現光源附近過於明亮、或是亮度嚴重不均的情況。

◆反射式照明的配置

1 在照明計畫開始之前
2 照明計畫的基礎
3 住宅空間的照明計畫
4 燈具配置與光源效果
5 非居住空間的照明計畫
6 光源與燈具
7 文件與參考資料

不良設計	優良設計

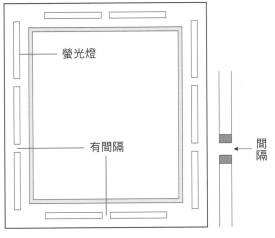

螢光燈

有間隔

間隔

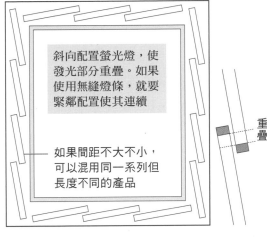

斜向配置螢光燈，使發光部分重疊。如果使用無縫燈條，就要緊鄰配置使其連續

如果間距不大不小，可以混用同一系列但長度不同的產品

重疊

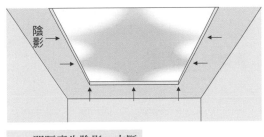

陰影

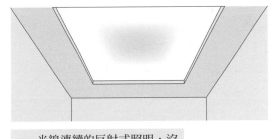

✕ 間隔產生陰影，中斷光的連續性

○ 光線連續的反射式照明，沒有陰影或亮度不均的部分

◆光線的照射範圍受到設置空間的影響

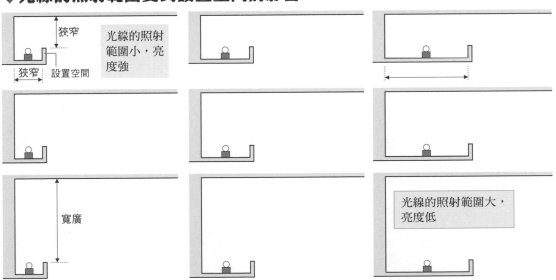

狹窄

光線的照射範圍小，亮度強

狹窄　設置空間

寬廣

光線的照射範圍大，亮度低

●反射式照明的外觀與設置空間的尺寸不同，會改變光線的擴散方式與亮度給人的印象

047

遮光式照明

Point

藉由照射壁面的反射光來照亮空間，
同時也強調「空間往水平方向延伸」的感覺。

遮光式照明

　　遮光式照明與反射式照明同樣都是結構性照明的代表性手法。主要以燈具照亮壁面，再藉由反射光來照亮空間，同時也將視線引導到壁面，強調在視覺上呈現明亮感與空間往水平方向延伸的感覺。

　　安裝時，將照明燈具裝設在壁面與天花板的交界處，刻意將藏燈具或光源隱藏起來。重要的是，必須做到即使有人靠近牆壁的下方或附近，也不會看見燈具或光源。

　　遮光式照明散發出的光，會隨著光源與壁面的距離、光源設置的空間大小而改變，給人的感受也會有所不同。在設置方法上，可以採用以直接光來照射遠處，也可以選擇雖然照射範圍有限，但能完全將燈具或光源隱藏起來的間接照明。

　　不過，直接光可能會因為明暗截止線的位置不佳，造成光線的漸層突然中斷、在壁面與地板出現明暗線等、也有可能出現光源裸露的情況。因此必須進行充分的評估、決定詳細尺寸，才能設計出完美的照明計畫，得到最舒適的照射方式。

強調材質特徵

　　遮光式照明能夠凸顯壁面材質，因此凹凸不平、觸感粗糙的壁面比起平整、單調的壁面更能表現出氣氛。

　　此外，也有將遮光式照明安裝在窗簾盒中照射窗簾的手法。在這種情況下，為了避免燈具或光源產生的熱造成窗簾布燃燒、劣化，必須選擇螢光燈或LED燈等不會產生高溫的產品。

　　另外還必須注意，受燈光照射的壁面要避免設置多餘設備，以免破壞視覺印象。因為遮光式照明的目的是完美地展現對人類視線來說最自然的垂直面，因此必須充分評估設置場所及方法等，以營造最佳的燈光效果。

◆遮光式照明的示意圖

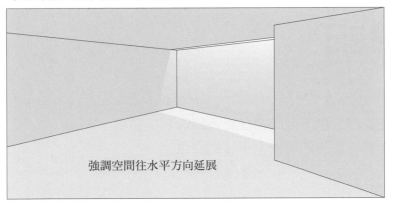

強調空間往水平方向延展

◆燈具的安裝方式

●以直接光為主

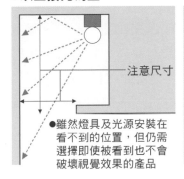

注意尺寸

●雖然燈具及光源安裝在
看不到的位置，但仍需
選擇即使被看到也不會
破壞視覺效果的產品

●以間接光為主

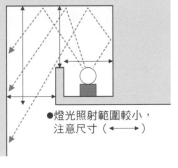

●燈光照射範圍較小，
注意尺寸（←→）

●窗簾盒內

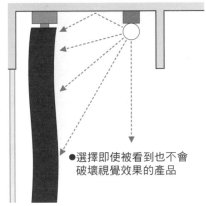

●選擇即使被看到也不會
破壞視覺效果的產品

注意之後是否能夠更換光源、是否能夠施工，再決定尺寸

◆明暗截止線

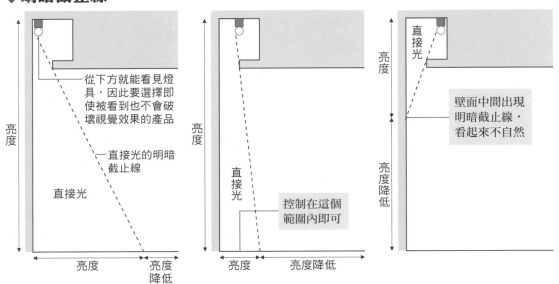

從下方就能看見燈
具，因此要選擇即
使被看到也不會破
壞視覺效果的產品

── 直接光的明暗
截止線

直接光

亮度

亮度　亮度
降低

直接光

控制在這個
範圍內即可

亮度

亮度　亮度降低

直接光

亮度

壁面中間出現
明暗截止線，
看起來不自然

亮度降低

1 在照明計畫開始之前

2 照明計畫的基礎

3 住宅空間的照明計畫

4 燈具配置與光源效果

5 非居住空間的照明計畫

6 光源與燈具

7 文件與參考資料

048

平衡式照明

Point

平衡式照明照射壁面產生反射光照亮空間的同時也照射在天花板上，
因此產生「反射式照明」與「遮光式照明」併用的效果。

平衡式照明

平衡式照明在透過照射壁面的反射光照亮空間的同時，也讓反射光照在天花板上，這種照明方式能夠產生反射式照明與遮光式照明併用的效果。由於上下方同時發光，亮度也比單獨使用反射式照明或遮光式照明來得亮。

為了使光源能夠隱藏於壁面，可以在照明燈具前加裝一塊擋板，使光線從其上下方透出。至於擋板及燈具的高度，以設置在比人站立時的視線稍高之處為宜。

在設置照明燈具時，和其他結構性照明一樣，必須將燈具或光源隱藏起來。朝天花板方向的窗孔只需和反射式照明注意同樣的事項即可（▶P108）。至於朝向下方的窗孔，由於在某些角度下，燈具或光源可能會暴露在視線當中，為避免被看見，最好是以乳白色的壓克力板，或是格柵等覆蓋。

與建築或裝潢的關係

平衡照明在照射天花板或牆壁時，和反射式照明或遮光式照明一樣，照射在無光澤材質或有紋理的材質上，效果會比照射在表面光滑的材質上更好。

此外，刻意做出的照明效果必須留意與建築或室內設計之間要有協調感，如果不盡可能地讓照明看起來自然，恐怕會給人間接照明過度的印象。為了避免發生這種情形，最好在設計方面多下工夫，例如巧妙地與窗簾盒融為一體等。

採用無縫燈條

光源雖然有螢光燈、白熾燈、LED燈等，但如果考量發熱、成本、維修等因素，螢光燈會是最方便的選擇。特別是螢光燈中的無縫燈條及可調光的產品，還能讓光源易於保持光的連續性。

此外，市面上也有附擋板的平衡式照明產品，不需要另外製做，就能輕易做出平衡照明。

◆平衡式照明

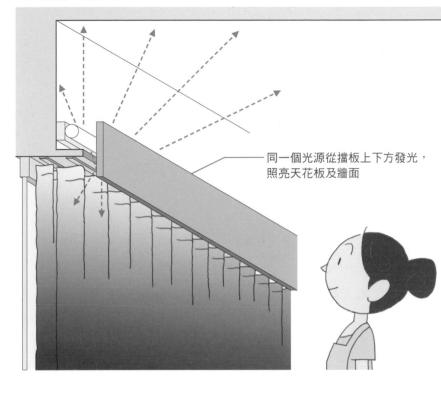

同一個光源從擋板上下方發光，
照亮天花板及牆面

裝設在比人站立時的
視線稍高處，以免光
源或燈具被看到

◆隱藏光源的方法

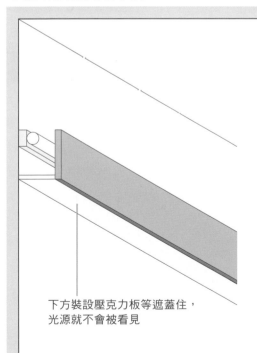

下方裝設壓克力板等遮蓋住，
光源就不會被看見

◆無縫燈條

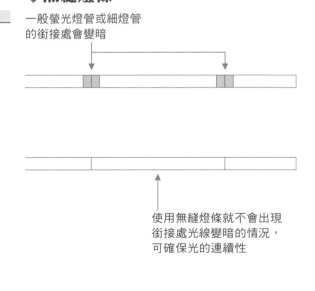

一般螢光燈管或細燈管
的銜接處會變暗

使用無縫燈條就不會出現
銜接處光線變暗的情況，
可確保光的連續性

1 在照明計畫開始之前

2 照明計畫的基礎

3 住宅空間的照明計畫

4 燈具配置與光源效果

5 非居住空間的照明計畫

6 光源與燈具

7 文件與參考資料

049

間接照明的注意事項

Point

除了避免讓照明燈具或光源整個暴露在視線之下、
也要避免無意義地照射空調等器材。

▌隱藏燈具或光源

雖然經常見到住宅或店舖使用反射式照明或遮光式照明，然而，燈光呈現出優美的印象、或是效果好、完成度高的案例卻意外地少。

最常見到的不良案例是，照明燈具或光源整個暴露在視線之下。設置間接照明的第一要件就是，無論從哪個角度，都不應該看見裸露的燈具或光源。但是在兩層樓的建築中，即使在一樓看不見光源，爬上樓梯之後卻能看得到。這種沒有充分評估設置位置或安裝方式的案例特別多。

如果無論如何都無法避免被看到的情況，就必須選擇即使暴露在視線下也不會破壞視覺效果的燈具或光源，並同時要注意設置方法。

▌考量天花板或壁面材質

照射天花板或壁面時，即使巧妙地隱藏光源或燈具，但是形影也可能被天花板或壁面反射出來。尤其是天花板或壁面若是使用了有光澤的材質時，就會完全反射出光源的形影。這麼一來，就會失去隱藏光源的意義，因此，若要避免這種情形，最好天花板或壁面就能選擇無光澤或是有紋理的材質。

▌注意照射範圍

使用反射式照明、遮光式照明或平衡式照明來照射天花板或牆面時，照射範圍內最好不要出現多餘的物品。

譬如毫無意義地照射天花板上的埋入式空調、嵌燈等照明燈具，或是在牆面的照射範圍內出現門、窗、通風口等，不僅會使這些物品變得顯眼，也會讓特別設置的間接照明失去效果。所以說，讓照射範圍內幾乎沒有其他物品的簡潔設計，才是最好的策略。

◆間接照明的不良案例

●爬上樓梯時看見光源、燈具

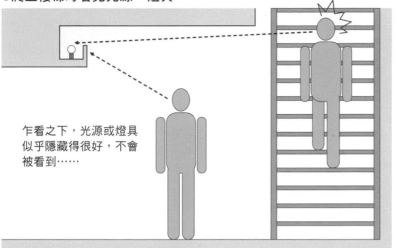

乍看之下，光源或燈具
似乎隱藏得很好，不會
被看到……

✕ 爬上樓梯到達某個高度
後，光源或燈具完全暴
露在視線下！

●光源及燈具的外觀被反射出來

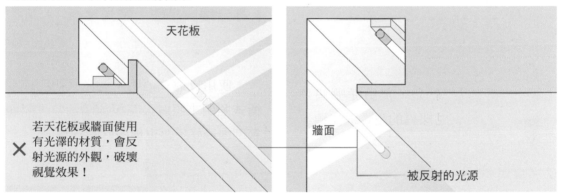

天花板

牆面

被反射的光源

✕ 若天花板或牆面使用
有光澤的材質，會反
射光源的外觀，破壞
視覺效果！

●無意義地照射空調等器具

✕ 好不容易在天花板打上漂亮
的光，卻讓空調維修口、照
明燈具等變得顯眼！

1 在照明計畫開始之前

2 照明計畫的基礎

3 住宅空間的照明計畫

4 燈具配置與光源效果

5 非居住空間的照明計畫

6 光源與燈具

7 文件與參考資料

050

流明天花板·發光牆·光柱·發光地板

Point

透過半透明建材與照明的組合，
使天花板、地板、壁面、柱子等平面透出亮光。

流明天花板

流明天花板是在玻璃、半透明壓克力板、防火布等材質的天花板背後設置照明，使其發出亮光的手法。只要能夠讓整個面均勻發光，不讓人發現背後有光源存在，就能達到美觀的視覺效果。設置時，必須考量建材的透光率、建材與光源的距離、相鄰兩光源間的間隔等。

實際安裝的尺寸規格，會隨著與光源的相對距離而改變。一般來說，完工後的天花板與光源的距離、與光源和光源之間的距離比例以1：1為宜，在背面空間漆上白色平光塗料的話，就能使光線均勻，不會因為叢聚而刺眼。要確實地做出現這個照明計畫，如能事先製作模型模擬實境的話就更好了。

流明天花板的光源必須要能照射範圍廣且明亮。此外，由於維修較麻煩，多半採用長壽命的螢光燈，但也可使用LED燈。若使用LED燈，背面只需要較小的空間即可，而且LED燈還能做出變換不同光色的效果。

發光牆、光柱、發光地板

發光牆、光柱，採用的手法和流明天花板相同，都是在半透明建材的牆面或柱面背後設置照明，來使牆面或柱面發光。半透明建材在考慮到耐久性的情況下，多半是使用玻璃材質。

光源不僅可設置在建材的正後方，也可以只設在天花板或地板的一側，呈現出光的漸層感。在這種情況下，除了使用螢光燈之外，也能使用鹵素杯燈或金屬鹵化燈、LED燈等。若牆壁或柱子很高，為了能使光線照射得更遠，可以將光源與反射罩組合搭配使用。

發光地板使用的手法也和流明天花板相同。但地板需要承受人的步行、放置桌子等物品，因此多半會使用強化玻璃材質。設置時，也必須考量當液體潑到地面時，是否會影響到玻璃下方的光源。

◆流明天花板

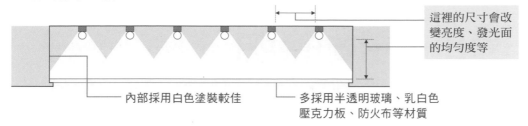

這裡的尺寸會改變亮度、發光面的均勻度等

內部採用白色塗裝較佳

多採用半透明玻璃、乳白色壓克力板、防火布等材質

◆發光牆

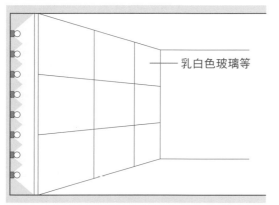

乳白色玻璃等

●可用來呈現標誌或圖案
●光源可以使用螢光燈或LED燈等

真漂亮！

●也能只將燈具安裝在地板或天花板側，做出光的漸層
●光源可以使用螢光燈、鹵素杯燈、LED燈等

◆發光地板

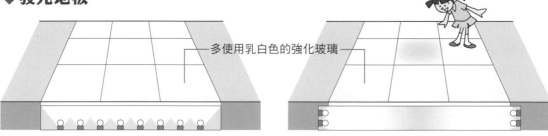

多使用乳白色的強化玻璃

◆光源安裝的尺寸

光源與半透明建材的間隔 ： 光源與光源間的間隔 ＝ 1：1

●以此為基礎來考量尺寸、進行安裝

1 在照明計畫開始之前

2 照明計畫的基礎

3 住宅空間的照明計畫

4 燈具配置與光源效果

5 非居住空間的照明計畫

6 光源與燈具

7 文件與參考資料

051

腳邊的間接照明

Point

腳邊的間接照明能讓重心下沉，營造出沉穩安定的氣氛。

營造出沉穩安定與非日常的氣氛

腳邊的間接照明是近來經常使用的結構性照明手法之一。住宅中，安裝於玄關地板高低差處、鞋櫃與玄關地板的間隙、電視櫃等低矮的家具與地板間的縫隙；或是店舖的階梯、櫃檯下方的空間等。尤其是店舖的階梯，經常可見在每個階梯邊緣的下方裝設階梯燈的情形。

在接近地板的地方設置間接照明，可使空間的重心下沉，營造出沉穩安定的氣氛。此外，設置在高低差的地面，也可提高步行的安全性。

地面的質感也很重要

腳邊的間接照明在亮度稍暗時氣氛較佳。因此，最好選用可調光、色溫比燈泡色稍低、氣氛溫暖的燈具。光源可使用白熾燈、螢光燈、或LED燈等。

設置時，必須考慮維修的方便性，評估裝設空間的尺寸及安裝位置，以便於日後更換燈泡。此外，地面的質感也很重要，如果使用了容易反光的材質，光源就會透過反射而被看見，無法充分展現出光線擴散之美。

如果地板非得使用會反射光線的材質，就要在細節之處下工夫，譬如使用乳白色的壓克力板覆蓋住光源等。

注意亮度與時段

在住宅之類的建築中，經常可以看到玄關鞋櫃下、或是玄關地板與屋內地板的高低差之間安裝間接照明的例子。其中，有些使用的照明亮度或色溫太高，而有不協調的感覺。玄關的間接照明最好在日落之後再點亮、在有戶外光線照進來時關閉，並且只使用全面照明。點亮時，也最好採用色溫、照度較低的光線。此外，也必須注意其他空間的間接照明亮度與亮燈時段，留心營造出配合生活的照明。

◆腳邊的間接照明

●客廳

使用可調整亮度的燈具,並且將
亮度調低,色溫也最好壓低

●樓梯

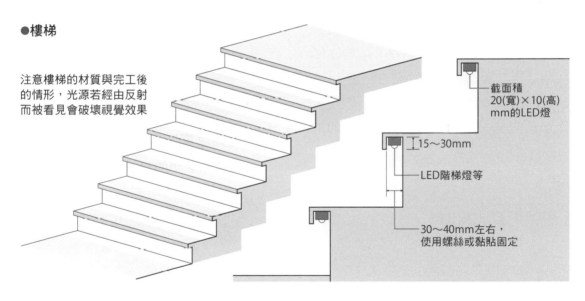

注意樓梯的材質與完工後
的情形,光源若經由反射
而被看見會破壞視覺效果

截面積
20(寬)×10(高)
mm的LED燈

15～30mm

LED階梯燈等

30～40mm左右,
使用螺絲或黏貼固定

●玄關

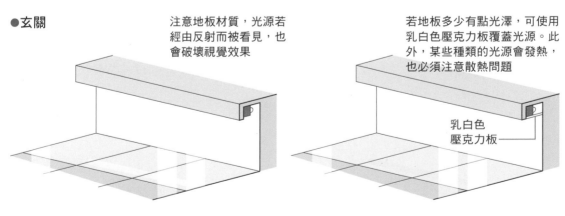

注意地板材質,光源若
經由反射而被看見,也
會破壞視覺效果

若地板多少有點光澤,可使用
乳白色壓克力板覆蓋光源。此
外,某些種類的光源會發熱,
也必須注意散熱問題

乳白色
壓克力板

1 在照明計畫開始之前

2 照明計畫的基礎

3 住宅空間的照明計畫

4 燈具配置與光源效果

5 非居住空間的照明計畫

6 光源與燈具

7 文件與參考資料

052

燈具配置‧空間的視覺效果

Point

配置照明燈具時要盡量不讓人注意到燈具存在，
在視覺上也最好不引人注目。

▌營造出空間整體的統一性

在建築或室內空間中，除了經過設計考量的裝潢材料外，顯露於表面的還有空調、通風口、煙霧偵測器、插座、開關等各式各樣的設備器材。這些器材多半會讓空間給人一種雜亂的印象。

改善空間印象的方法，包括統一機器的色彩、形狀、材質、配置方式等、減少種類變化，以營造出清爽的視覺效果。

▌燈具配置的重點

配置照明燈具時，除了吊燈或立燈等主角之外，其他照明在視覺上最好不要引人注目，盡可能地不讓人注意到。具體做法有下列五項要點：

①選擇與天花板融為一體、不引人注意的照明燈具。

②讓燈具的外觀產生統一感，最好將每個空間的燈具種類控制在兩種以內。

③避免雜亂，盡量使燈具的配置有規則性，呈現出清爽的視覺效果。

④確認照明以外的設備與門、窗、家具配置間的協調性。

⑤除了平面圖與天花板反射圖之外，一定要想像、評估立體空間的視覺效果。

在①中所謂不引人注意的照明燈具，基本上可考慮使用嵌燈。其中又以燈杯深、有針孔型鏡面反射罩的燈具較不顯眼。但是，若對光源或燈具做限制，能選擇的種類就會變少。在這種情況下，顯眼的燈具反而能夠增加亮度，或是提高設計的完成度。不過，最好還是依據客戶的需求來做判斷。

關於②，採用同一家製造商的同一系列燈具即可。③④指的是燈具的配置會大幅改變空間給人印象。至於⑤，雖然容易忘記，但卻是非常重要的作業。

◆照明燈具的配置

●平面配置圖

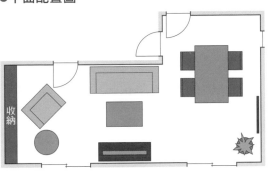

收納

方案一　△

租賃住宅或是大部分的成屋，燈具只依照天花板反射圖來配置，與室內家具無關

方案二　○

雖然燈具配置配合家具的位置，也考量了使用的便利性，但從天花板反射圖來看卻分散且雜亂

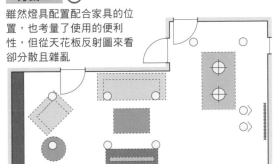

方案三　◎

燈具配置配合家具的位置，從天花板反射圖來看也具有規則性。亮度不足的部分使用立燈來補強

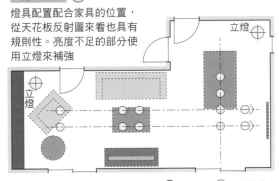

立燈

立燈

△：一般　○：適合　◎：非常適合

●立體圖

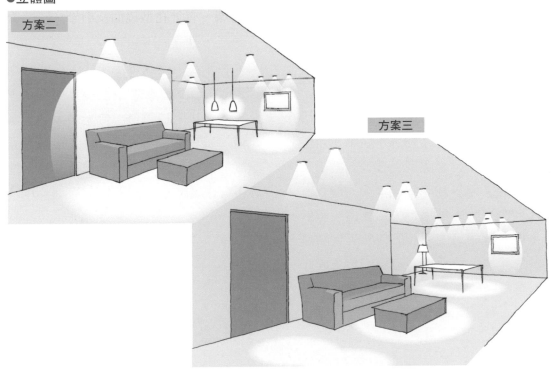

方案二

方案三

1 在照明計畫開始之前

2 照明計畫的基礎

3 住宅空間的照明計畫

4 燈具配置與光源效果

5 非居住空間的照明計畫

6 光源與燈具

7 文件與參考資料

053

照亮天花板

Point

透過反射式照明，以朝著天花板打光的方式來誘導視線，
強調「寬敞的印象」。

▌在天花板營造氣氛的手法

在某些建築及室內的設計中，建造了天花板較高的挑高空間，譬如住宅的客廳，或是大型設施的入口大廳、交誼廳等。在這樣的空間中，可以在天花板挑高處設置照明來強調其寬敞，營造出舒適的氣氛。

有的房間即使地板附近有許多家具、物品而顯得雜亂，但房間上方的天花板還是有可能維持清爽。在這種情況下，只要朝天花板打光以誘導視線，就能強調寬敞的印象。

以手法來說，簡潔的天花板可採用反射式照明，讓燈具變得不顯眼。若使用壁燈或聚光燈來照射天花板，就必須配合設計挑選造型亮眼、優美的燈具。此外，也可以使用吊燈或水晶燈來照射天花板。但如果使用設計獨特的大型燈具，燈具本身會比天花板更醒目，因此可選擇類似裸燈泡（白熾燈泡）的燈具，較能讓人看見空間本身。

▌住宅以外的天花板氣氛營造

有些辦公室的挑高天花板會採用辦公・環境照明（▶P104）。至於新幹線及飛機上設計美觀的天花板則使用了間接照明照射、地板部分則是透過其反射光及向下照射的直接光來照亮。

有些教堂的天花板可能搭配了考究的裝飾。在這種情況下，只要照射建築構造或裝飾造型，透過光影對比強調立體感，就能給予觀看的人戲劇性的印象。在手法方面，可使用聚光燈或立燈等燈具、反射式照明等間接照明手法，至於光源則有白熾燈、螢光燈、金屬鹵化燈、LED燈等可供選擇，但必須考慮設施的特徵、運作費用、維護的便利性等再行決定。

◆空間大小與天花板氣氛營造的關係

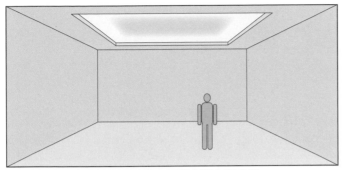

●天花板高、寬敞的空間可藉由照明來讓空間升級

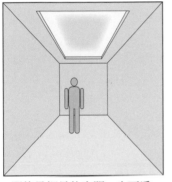

●即使是細長的空間，也可透過強調長邊方向，來展現出寬敞的感覺

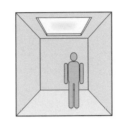

●天花板低、狹小的空間較難讓視線往上看

◆新幹線照明

●強調天花板上方清爽的部分，並以柔和的間接照明照射
●即使下方有許多物品、顯得雜亂，也因為採用了間接照明，使整體空間能夠看起來清爽、美觀

◆照射天花板的手法

●使用聚光燈

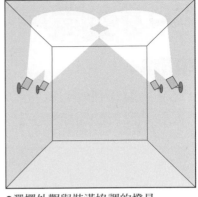

●選擇外觀與裝潢協調的燈具

●使用立燈

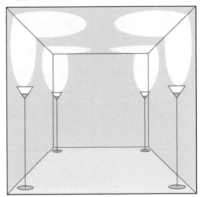

●以立燈朝上方照射

●使用吊燈

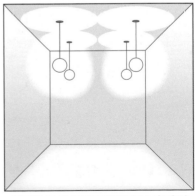

●使用的吊燈光源要能夠朝上方重點式照射

1 在照明計畫開始之前
2 照明計畫的基礎
3 住宅空間的照明計畫
4 燈具配置與光源效果
5 非居住空間的照明計畫
6 光源與燈具
7 文件與參考資料

054

照射牆面·柱子

Point

比起照射整個房間，
有效地照射牆面或柱子更能得到「明亮的感覺」，氣氛也更為高雅。

照射垂直面的效果

人除了躺著之外，垂直方向的牆面、柱子、家具等都比水平方向的地板、天花板等更容易映入眼簾。因此，比起照亮房間的每個角落，有效的照射垂直面會讓人感覺更明亮，也能使空間呈現出更高雅的氣氛。

在狹窄的空間中，燈光如果不照射地板，只照亮壁面就能讓人感覺明亮，而且比起採用全面照明的房間，更能給人獨特的印象。

另一方面，如果寬敞的長方形空間，透過照亮內部的短邊壁面、降低中央地面的亮度、並在長邊壁面以遮光式照明、或以壁面燈連續照射，就能強調寬廣與深邃。

如果壁面材質講究、具有紋理，使用遮光式照明或壁面燈就可強調其特徵。此外，若壁面掛畫裝飾，可使用聚光燈打光，讓畫作成為房間內的視線匯集焦點。

照射壁面的照明，除了遮光式照明與壁面燈之外，還可以使用嵌燈、聚光燈、壁燈、立燈等，光源也有許多種類。由於重點在於強調照射的對象，因此盡量選擇設計簡潔、不顯眼的燈具。

使用窗簾營造氣氛

窗戶一般都會裝設窗簾，白天將窗簾打開，透過玻璃窗讓戶外開闊的風景成為室內的延伸。然而，夜晚關上窗簾的同時，也讓房間呈現出狹窄、封閉的感覺。

如果想要改變這個情形，可在夜晚使用反射式照明或嵌燈照射窗簾，賦予空間開闊感，也能有效地呈現出由窗簾的色澤、花紋及皺摺等交織而成的美麗陰影。

◆照射壁面的手法

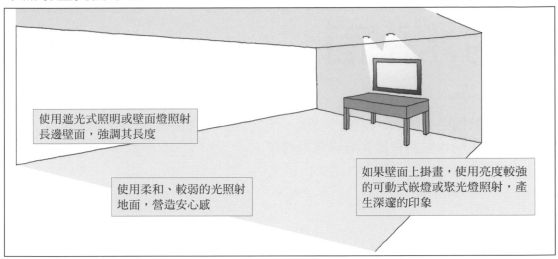

使用遮光式照明或壁面燈照射
長邊壁面，強調其長度

使用柔和、較弱的光照射
地面，營造安心感

如果壁面上掛畫，使用亮度較強
的可動式嵌燈或聚光燈照射，產
生深邃的印象

◆使用窗簾營造氣氛

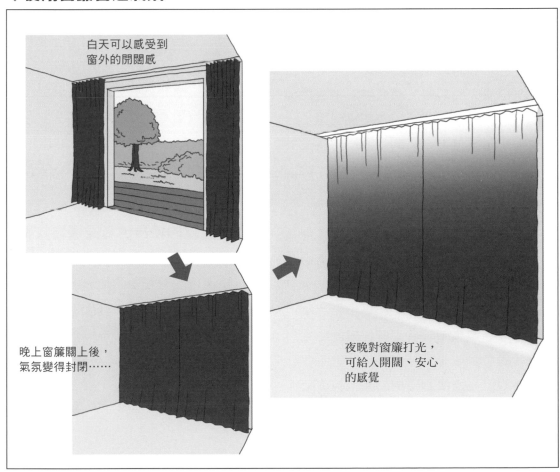

白天可以感受到
窗外的開闊感

晚上窗簾關上後，
氣氛變得封閉……

夜晚對窗簾打光，
可給人開闊、安心
的感覺

1 在照明計畫開始之前

2 照明計畫的基礎

3 住宅空間的照明計畫

4 燈具配置與光源效果

5 非居住空間的照明計畫

6 光源與燈具

7 文件與參考資料

055

照射水平面

Point

如果以「分別照射地板、桌面、壁面、天花板」的想法來進行照明設計，
就能配合人的行動或時段來組合照明情境。

▌分開照射的想法

如果要使房間明亮，照亮水平面是基本手法。這時，會以地面為中心對整個空間實施全面照明。然而，也有一種方法是既不照亮整個房間，也不照射壁面或天花板，只照亮部分的地面或桌面。

進行燈光設計時，應該將水平面分為地面、桌面、牆面、天花板來考慮，這麼一來，就能配合人的行動或時段來組合照明情境。

▌照射水平面的手法

一般而言，會使用嵌燈或聚光燈從天花板照射地面或桌面。不過，全面照明的燈具，因為配光範圍過廣，並不適合用來照射個別平面。如果只是要重點照亮地面或桌面，必須選擇限制燈光方向性的燈具或光源，而且需留意不要讓多餘的燈光擴散到四周的天花板或牆面。

能夠控制照射範圍和方向的嵌燈、聚光燈等燈具，都有其搭配的鏡面或反射罩。光源則是會使用發光部位較小的鹵素燈泡、小型金屬鹵化燈、LED燈等。發光部位愈小，光源點也就愈小，反射罩就愈容易控制光源擴散的方式，更精確地將燈光控制在想要照射的範圍內。

此外，由於有些光源本身就附有經過設計的反射罩，如鹵素杯燈、附有鋁鏡的鹵素燈、射燈等等，可以依情況選擇燈光擴散的角度，使用起來相當方便。

▌附有燈罩的燈具也有同樣的效果

照射地板或桌面的另一個照明手法，是使用附有燈罩的燈具來阻擋往上方或橫向擴散的燈光。檯燈就是這類燈具的代表。此外，使用吊燈或間接照明也能得到同樣的效果。

◆照亮水平面的手法

●以白熾燈或螢光燈做為全面照明用嵌燈

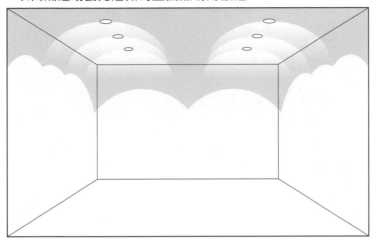

● 住宅最常使用白熾燈或螢光燈做為嵌燈,燈光不僅照射地板,也能擴散至壁面,照亮整個房間

●以鹵素杯燈做為嵌燈

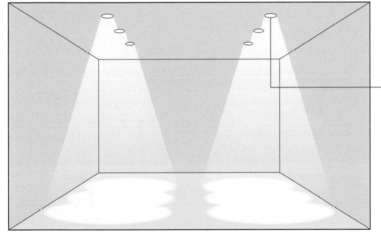

● 使用鹵素杯燈等光束角較小的嵌燈,光束只能照亮狹窄的範圍,不會影響其他部分

使用燈杯較深的燈具,不僅能使燈具不顯眼,多餘的光也不會擴散

●吊燈

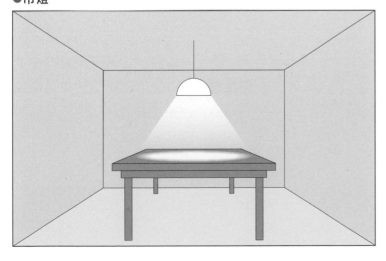

● 如果使用附金屬燈罩的燈具,燈光就能集中向下照射,不至於往別的方向擴散,就能夠只照射桌面

1 在照明計畫開始之前

2 照明計畫的基礎

3 住宅空間的照明計畫

4 燈具配置與光源效果

5 非居住空間的照明計畫

6 光源與燈具

7 文件與參考資料

056

單斜天花板的注意事項

Point

為了使傾斜面看起來美觀，天花板盡量不要裝設器具。

使天花板產生方向性

在進行單斜天花板的照明計畫時，最好能夠將形狀納入考量。此外，設置照明時的另一個重點是，也必須考慮平面家具與位在牆壁上的窗戶、門、窗孔、空調等機器之間的關係。

以手法來說，除了反射式照明之外，也可以使用壁燈、聚光燈，或是在天花板的傾斜部分懸掛造型優美的吊燈、水晶燈等做為設計的要素。

然而，為了使傾斜面看起來更美觀，最好避免在天花板上裝設器具。如果非得裝設不可，則盡量設置在較低的位置以便維修，並且盡可能減少器具數量，避免給人器具很多且雜亂的印象。安裝嵌燈或聚光燈時也一樣，為了避免維修困難，最好不要將其設置在傾斜天花板較高的一側。

以壁燈及反射式照明營造氣氛

如果在傾斜天花板較低的一側安裝反射式照明，則必須考量與窗戶、空調、換氣口等的位置關係，評估是否可以保留足夠的安裝空間。另一方面，如果在傾斜天花板較高的一側安裝反射式照明或壁燈、聚光燈等，就必須將其與門、窗孔、二樓之間的相對位置納入考量，評估最適當的配置方法。此外，採用反射式照明時，也必須確認光源是否在某些位置被看見，如果會發生這種情況就必須採取對策。

不過，如果將照明裝設在山牆上，光的擴散會變得不平均，燈具看起來也不協調，因此並不推薦。

亮度模擬

無論將照明裝設在傾斜天花板較低的一側或較高的一側，都必須預測所需要的亮度。因此，必須事先模擬不同照明燈具及數量給人的亮度感覺。

◆單斜天花板的照明要點

●設置嵌燈

✗ 不可設置在傾斜天花板較高的一側
◯ 可設置在傾斜天花板較低的一側

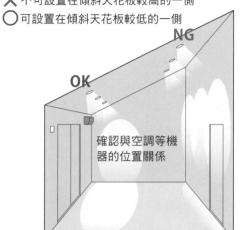

確認與空調等機器的位置關係

●設置反射式照明

安裝在傾斜較低的一側時,必須注意與空調等機器的位置關係

空調的位置低

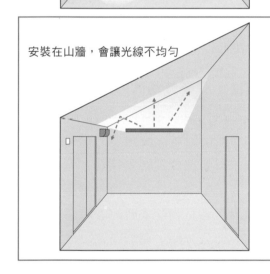

安裝在山牆,會讓光線不均勻

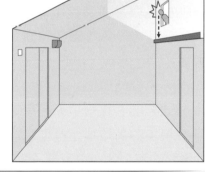

安裝在傾斜較高的一側時,從二樓往下看會看見燈具,顯得美中不足

●將壁燈設置在傾斜較高的一側

乍看之下似乎不錯⋯⋯

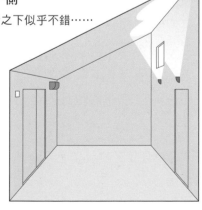

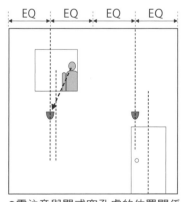

●需注意與門或窗孔處的位置關係。軸心錯開顯得不美觀
●不可從上方看見光源

1 在照明計畫開始之前

2 照明計畫的基礎

3 住宅空間的照明計畫

4 燈具配置與光源效果

5 非居住空間的照明計畫

6 光源與燈具

7 文件與參考資料

057

山形天花板的照明

Point

如果要展現美麗的屋頂，
建議在屋簷側裝設反射式照明或壁燈。

▌活用方向性

山形天花板的山牆側與屋簷側的方向性不同，運用此特性來思考照明計畫會是很好的切入點。在山形天花板安裝照明時與單斜天花板相同，都必須考量到照明燈具與平面家具、牆面上的窗戶、門、窗孔、冷氣等機器設備間的位置關係。

山形天花板的照明手法包括使用嵌燈、反射式照明、壁燈、聚光燈等，或是將造型優美的吊燈或水晶燈當成設計要素，懸掛在屋頂的中央也是一種方法。

然而，為了讓天花板看起來更美觀，最好盡量避免在上面裝設燈具。如果非得裝設不可，那麼就和單斜天花板一樣，設置在較低的位置以便維修，也要盡可能地減少器具數量。如果要安裝嵌燈，最好避免裝設在傾斜天花板較高的一側。

另一方面，如果在兩邊屋簷側設置反射式照明或壁燈，就能營造出沉穩、簡潔的視覺效果。

安裝燈具時，也要考慮其與窗戶、空調、換氣口、門、窗孔、二樓之間的位置關係，並且評估是否保留足夠的安裝、維修空間。

▌樑柱、屋架外露的設計

若房屋屬於樑柱、屋架外露的設計，那麼使用可調整角度的聚光燈效果較佳。只要讓燈具融入樑柱、屋架的設計，即使數量多也不至於看起來雜亂。此外，思考照明計畫時，若將屋架部分與其他部分分開，更能營造出象徵性的氣氛。

至於山牆側的壁面則是比較難決定裝設燈具的位置。尤其是反射式照明特別不容易與環境融合。而壁燈或聚光燈等雖然安裝容易，需要評估的事項卻很多，譬如其與窗孔或設備等其他要素的位置關係，以及在此位置的燈光擴散方式等等。

◆山形天花板的照明手法

● 設置嵌燈

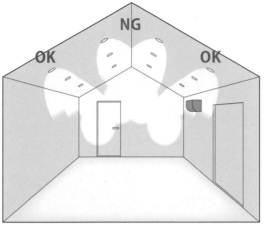

● 不可安裝在傾斜較高的一側，並且要盡可能地減少數量，避免給人燈具過多的印象

● 樑柱及屋架外露

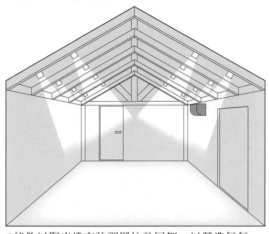

● 能夠以聚光燈來強調樑柱及屋架，以營造氣氛

● 在屋簷側安裝反射式照明

檢查是否安裝在能夠
維修的位置

● 在兩邊的屋簷側安裝間接照明，能夠營造清爽的視覺效果

● 在山牆側安裝壁燈

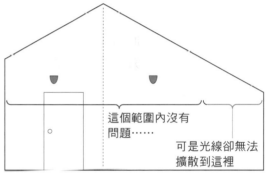

這個範圍內沒有
問題……

可是光線卻無法
擴散到這裡

● 山牆側很難決定燈具安裝的位置

● 設置反射式照明

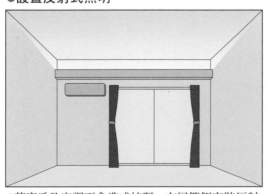

● 若窗戶及空調不會造成妨礙，在屋簷側安裝反射式照明能夠為斜面打上美麗的燈光

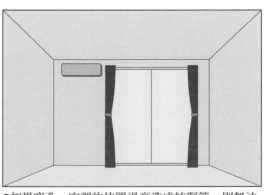

● 如果窗孔、空調的位置過高造成妨礙等，則無法安裝反射式照明

1 在照明計畫開始之前

2 照明計畫的基礎

3 住宅空間的照明計畫

4 燈具配置與光源效果

5 非居住空間的照明計畫

6 光源與燈具

7 文件與參考資料

058

創造不同空間的連續性①

Point

如果客廳與廚房相連，
則將燈具的造型控制在兩、三種以內，並且統一光的色溫。

常見的LDK照明模式[1]

在客廳（L）與飯廳（D）呈現連續一體的空間中，經常可以見到客廳中央設置一個螢光燈光源的大型吸頂燈、餐桌上方懸掛兩、三個吊燈、牆壁附近設置嵌燈的例子。有些還會在廚房（K）與飯廳之間加裝附燈罩的螢光燈，以及螢光燈光源、作業時使用的壁燈。如果櫃子上再放置立燈，不僅空間的特徵消失，設計也變得沒有整體感。

整體的統一性很重要

在不同空間相互連結成一個整體的情況下，使用過多的照明燈具會讓空間變得很雜亂。因此燈具的設計最好控制在兩、三種以內。

此外，減少同時點燈的照明種類也很重要。例如做為全面照明的嵌燈、以及壁面燈、上照燈、桌子上方的吊燈、地板的間接照明等，若全部同時點亮的話，是不可能營造出一個有整體感的照明情境。

因此，必須配合客廳、飯廳、廚房各個空間的用途及情境，來區分何時需要點亮及熄滅的燈具，並且盡量統一光的色溫。此外，也必須注意燈具的配置，尤其是在安裝嵌燈時，要避免在天花板上雜亂無章地安裝。

照明數量過多

在需要多個照明的情況下，燈具數量一多難免顯得雜亂，這時可選擇本身口徑小的燈具。以嵌燈為例，將二～四個小型燈具集中設置，不僅能維持天花板的清爽，也能同時獲得充足的亮度。

此外，也可以在店舖等空間的天花板設置凹槽將燈具集中安裝、或是使用三個一組的燈具（▶P183）等，這麼一來，即使光源的數量多，還是能呈現清爽的視覺效果。

譯注：1 LDK為日本住宅術語，表示廚房、飯廳、客廳一體的空間。L為客廳（Living）、D為飯廳（Dining）、K為廚房（Kitchen）

◆客廳、廚房、飯廳連續空間的照明配置範

不良設計

✕ 照明燈具種類多，光的種類也很分散，感受不到空間的特色

優良設計

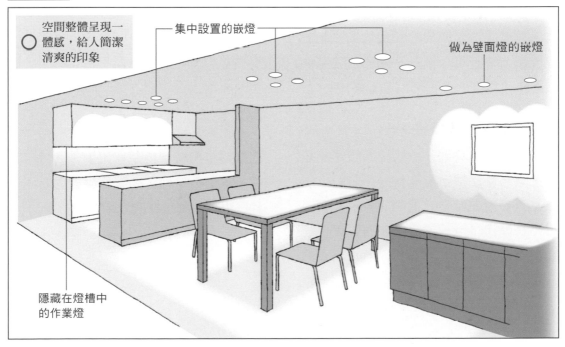

○ 空間整體呈現一體感，給人簡潔清爽的印象

集中設置的嵌燈

做為壁面燈的嵌燈

隱藏在燈槽中的作業燈

1 在照明計畫開始之前

2 照明計畫的基礎

3 住宅空間的照明計畫

4 燈具配置與光源效果

5 非居住空間的照明計畫

6 光源與燈具

7 文件與參考資料

059

創造不同空間的連續性②

Point

挑高空間必須從各種不同的高度、角度
來確認照明的「視覺效果」、「刺眼程度」、以及「安全性」。

挑高空間的照明

近來來，有許多的住宅會在客廳設計挑高的天花板、或是在挑高部分裝設階梯，並將數層空間打通。天花板挑高不僅可擴大空間，也能藉由縱向移動來營造出空間的流動感與特殊性。不過，要想出既能強調這些特徵，又能巧妙照射必要之處的照明計畫相當困難。

尤其是在有階梯的地方，在樓上、樓下都能看見照明，因此必須從各種高度、角度來評估照明的視覺效果、刺眼程度以及安全性。此外，避免將燈具裝設在難以維修的位置也相當重要。

留意上下的連續性

如果在挑高部分的樑上裝設聚光燈或壁燈，就必須留意光源是否刺眼，以及光源被看見時是否能夠美觀地呈現。這點在懸掛吊燈或壁燈時也同樣需要注意。

設計照明時，最好不要採用光源會被看見的反射式照明、遮光式照明或平衡式照明等結構性照明。不過，如果光源難以隱藏，有的時候乾脆將照明內部呈現出來，效果可能更好。

如果室內有階梯，照明至少得達到能夠確保安全步行的亮度。不過，如果只考慮功能性而不去活用挑高空間的特徵，又顯得很無趣。為了在挑高空間中的下層能夠感受到與上層空間的連通，而上層也能感受到下層空間的連通，可以在角落部分及其他重要位置配置照明。即使燈光微弱，仍然能夠藉由照明來營造出空間的連續性。

此外，對二樓天花板打光，來強調高度與距離感；或是採用遮光式照明及立燈等照射壁面，強調水平方向的延伸性，也能得到很好的效果。

◆挑高空間的照明配置範例

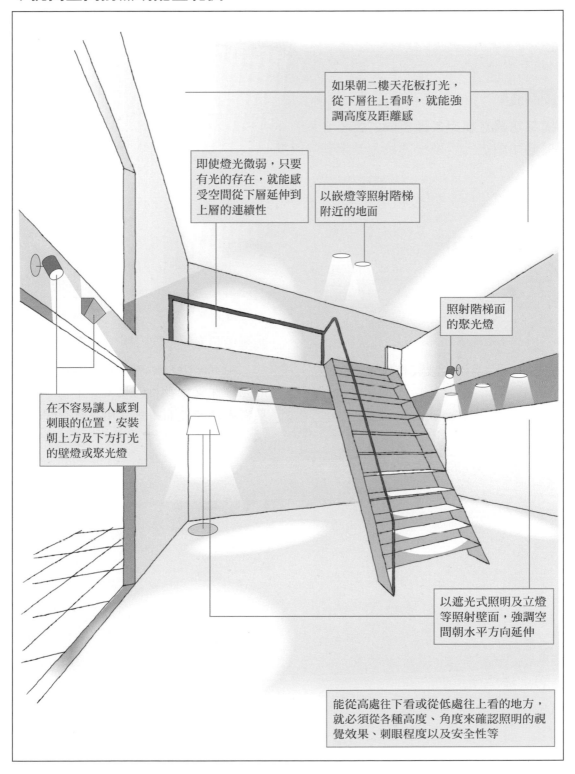

如果朝二樓天花板打光，從下層往上看時，就能強調高度及距離感

即使燈光微弱，只要有光的存在，就能感受空間從下層延伸到上層的連續性

以嵌燈等照射階梯附近的地面

照射階梯面的聚光燈

在不容易讓人感到刺眼的位置，安裝朝上方及下方打光的壁燈或聚光燈

以遮光式照明及立燈等照射壁面，強調空間朝水平方向延伸

能從高處往下看或從低處往上看的地方，就必須從各種高度、角度來確認照明的視覺效果、刺眼程度以及安全性等

1 在照明計畫開始之前

2 照明計畫的基礎

3 住宅空間的照明計畫

4 燈具配置與光源效果

5 非居住空間的照明計畫

6 光源與燈具

7 文件與參考資料

060

與外部空間的連續性

Point

如果想要營造與外部空間的連續性，
就必須創造出戶外比室內稍為明亮的狀態。

▌照亮客廳與庭院

在客廳面對著庭院或陽台的空間，由於擔心室內活動會暴露在外部視線下，多半不得不採取夜晚將窗簾緊閉的防犯措施。但如果條件良好，也可以考慮利用照明創造出與外部空間的連續性。

所謂「條件良好」舉例來說，如被圍牆包圍的庭院、或是被數個房間包圍的中庭等等，如果能夠為這些空間帶來從室內延伸到戶外的視覺連續性，就能創造出內外一體的寬敞空間。

讓室內外空間產生連續性的照明重點在於，營造出戶外比室內稍為明亮的狀態。不過，並不需要照亮整個戶外空間，而是只要在幾處視覺重點的部分打光就能完成。

▌防止玻璃窗反射

分隔室內與戶外的玻璃窗，在室內明亮、戶外黑暗的情況下，會像鏡面一樣反射光線，因而無法看見戶外。但是，室內通常都會安裝吸頂燈等亮度高的大型光源、或是玻璃窗接受了許多來自垂直面的光線。

這時，只要去除這些光線，譬如以能夠控制光線方向的嵌燈照亮地面，玻璃窗就比較不會產生反射，也能在視覺上產生與外部空間的連續感。

此外，使用調光開關降低室內整體的亮度，並且讓戶外的視覺重點相對明亮，就能展現出美麗的庭院。

▌浴室的連續性

最近愈來愈多的浴室採用鄰接露台、設置小型庭院等與戶外產生連續性的設計。這時的照明原則也與客廳相同，也就是創造室內稍暗、戶外稍亮的方式。以此原則為基礎，就能利用照明來完成優美、開闊的浴室設計。

◆與外部產生連續性的照明手法

不良設計 室內亮、戶外全暗

✕ 玻璃窗成為鏡子，反射室內所有的光線，帶給空間封閉的印象

間接照明

優良設計 室內稍暗、戶外稍亮

○ 窗戶產生透明感，從室內能夠清楚看見戶外，帶來室內空間往戶外延伸的印象

◆浴室

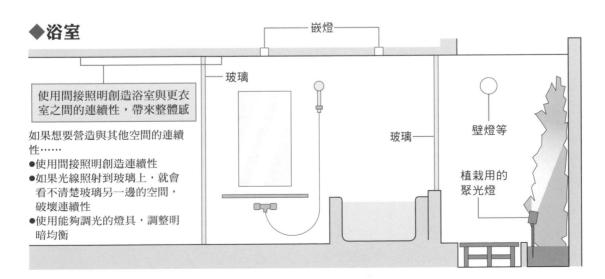

嵌燈

玻璃

使用間接照明創造浴室與更衣室之間的連續性，帶來整體感

如果想要營造與其他空間的連續性……
- 使用間接照明創造連續性
- 如果光線照射到玻璃上，就會看不清楚玻璃另一邊的空間，破壞連續性
- 使用能夠調光的燈具，調整明暗均衡

玻璃

壁燈等

植栽用的聚光燈

1 在照明計畫開始之前

2 照明計畫的基礎

3 住宅空間的照明計畫

4 燈具配置與光源效果

5 非居住空間的照明計畫

6 光源與燈具

7 文件與參考資料

061

使用裸燈泡

Point

可以考慮使用「迷你氪燈泡」或「鹵素燈泡」
來代替停產的裸燈泡（白熾燈泡）。

▌裸燈泡是照明的原點

從歷史的角度來思考照明，可以追溯到愛迪生發明的燈泡，而裸燈泡（即白熾燈泡或普通燈泡）就是與其原始的樣貌相差不遠的「活化石」。因此，若建築追求的是能夠表現出原始的設計感，也會偏向使用裸燈泡來做為照明器具。

此外，裸燈泡的價格便宜也許是魅力之一吧！可惜的是，在節能的趨勢下，日本最普及的E26燈帽型燈泡未來將停止製造，因此將會變得難以取得[1]。

▌裸燈泡的種類

最一般的裸燈泡是白色玻璃的普通燈泡（矽玻璃燈泡）。由於燈光從加工成白色的玻璃表面擴散，因此光色略微偏白。即使只有60W，當燈泡裸露在外時，看起來也十分刺眼，反而使人看不清楚所在的空間。

使用透明玻璃的普通燈泡（透明燈泡），能夠保持燈絲發出的原本光色，因此看起來多少有點偏橙色。與矽玻璃

燈泡相比，透明燈泡較能給人華麗的感覺。不過，只要燈泡進入視野，無論哪種燈泡都會讓人覺得十分刺眼，因此最好能裝上調光裝置。

此外還有上反射燈泡。這種燈泡在透明玻璃泡的上半球面的內側，蒸鍍上一層鋁做為反射鏡。如此一來，可以遮蔽直接進入眼睛的刺眼光芒，同時也能透過鏡面反射，產生如同間接照明一般的效果。

在空間中安裝裸燈泡時，可像吸頂燈一樣以燈座[2]直接裝設在天花板上，也能以吊燈的方式從天花板垂吊數顆燈泡，或是將燈座埋進天花板中，只讓燈泡部分裸露在外。

裸燈泡的光芒來自燈絲一邊燃燒放熱、一邊發光的單純原理，這也是魅力所在。裸燈泡停產後，迷你氪燈泡及鹵素燈泡可能會取代其成為裸燈泡，活躍於市場上。

譯注：1 台灣及日本均已在二〇一二年停止生產裸燈泡。
　　　2 附有凸緣，能夠以螺絲直接固定的燈座。

◆上反射燈泡

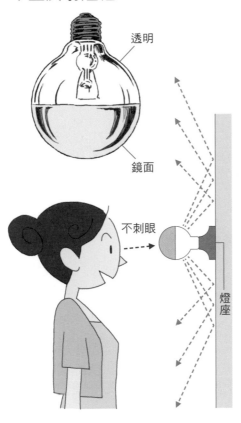

透明

鏡面

不刺眼

燈座

● 使用上反射燈泡能夠簡單地創造出間接照明

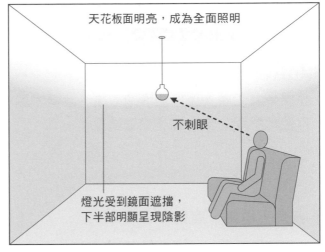

天花板面明亮，成為全面照明

不刺眼

燈光受到鏡面遮擋，
下半部明顯呈現陰影

◆裸燈泡的設置

● 以燈座直接安裝

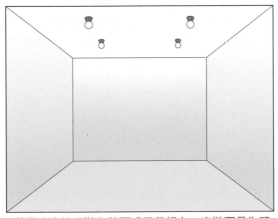

● 將燈座直接安裝在牆面或天花板上。安裝面最為明亮，能夠有效地營造出天花板面明亮的效果

● 吊燈

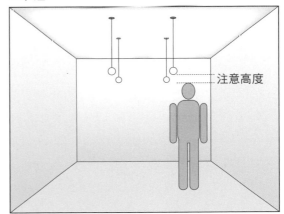

注意高度

● 能夠照亮房間的每個角落。但需檢查裸燈泡是否會因空調吹出的風而晃動

無論哪種安裝方式，只要看到光源就會讓
人覺得刺眼，因此必須要裝上調光裝置

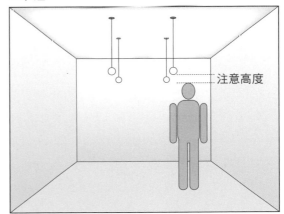

1 在照明計畫開始之前

2 照明計畫的基礎

3 住宅空間的照明計畫

4 燈具配置與光源效果

5 非居住空間的照明計畫

6 光源與燈具

7 文件與參考資料

062

使用鹵素杯燈

Point

光束角有「狹角」「中角」「廣角」等不同種類，
可使用不同光束角的燈來營造氣氛。

▌ 狹角、中角、廣角

鹵素杯燈有各種不同的光束角
（▶P209）。

十度屬於狹角（集光）型，能使物
體照到光的部分及沒照到光的部分呈現
明顯的對比，因此可當成聚光燈，在想
要加強照明情境時使用。

二十度屬於中角，適合使用於光源
與照射物之間距離稍遠的情況。如在天
花板稍高的空間，使用二十度角的杯
燈在近距離下會呈現和十度角一樣的效
果，形成對比強烈的光。

三十度屬於廣角（擴散光）型光源，
在天花板高二·五公尺的空間中，可如
全面照明一般照射桌面或地面，用來照
射大尺寸的畫等也能得到很好的效果。
此外，也能在牆邊等間隔地排列數個
三十度角光源，當成壁面燈使用。

將狹角、中角、廣角的鹵素杯燈搭
配使用，刻意營造出光的濃度差異，也
能展現出照明的趣味。

▌ 燈具種類

各個燈具廠商都有推出許多種類的
鹵素杯燈。挑選時不能只看價格或外
觀，也必須確認燈杯的性能、是否有附
加功能等等。此外，也必須注意燈具在
型錄上看起來的大小，和產品實際給人
的印象是否相同。

聚光燈可分成固定在天花板或牆壁
上的直接安裝型、裝在燈軌上的間接安
裝型、戶外用的防水型、附有尖錐可插
進土裡的盆栽專用型等等。嵌燈則可分
成照射正下方的基礎照明型、可從內部
改變照射方向及角度可調整型、以及形
狀比調整型更向外突出的可動型等等。

近幾年來，大型設施及店舖經常採
用的方形嵌燈，可在方形燈盒中並排安
裝兩、三個光源，集中照射同樣方向，
使天花板外觀清爽，便於設計。此外，
軌道燈系統最常使用的是12V的鹵素杯
燈。

◆鹵素杯燈的使用方法

●嵌燈

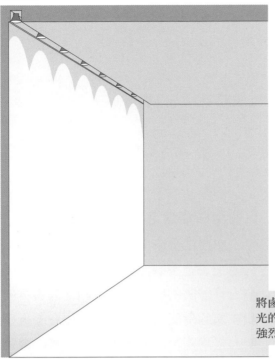

●軌道燈系統

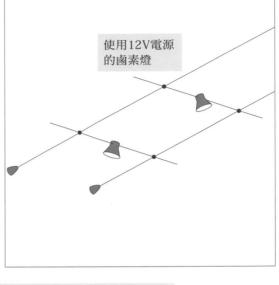

使用12V電源
的鹵素燈

將鹵素杯燈的嵌燈當成壁面燈使用，
光的弧線（山形線）邊緣清楚，給人
強烈的印象

●聚光燈

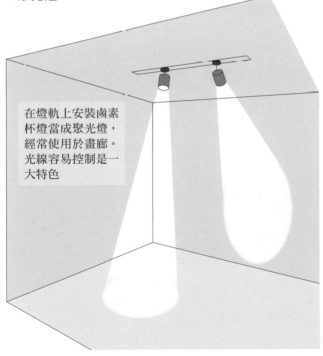

在燈軌上安裝鹵素
杯燈當成聚光燈，
經常使用於畫廊。
光線容易控制是一
大特色

●方形燈盒並排三顆嵌燈

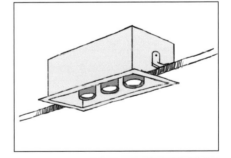

使用方形燈盒的嵌燈可讓光源集中照
設一處。即使光源數量很多，也能使
外觀看起來清爽。經常使用於店舖或
大型設施

1 在照明計畫開始之前

2 照明計畫的基礎

3 住宅空間的照明計畫

4 燈具配置與光源效果

5 非居住空間的照明計畫

6 光源與燈具

7 文件與參考資料

063

使用立燈

Point

使用白熾燈泡來做為立燈的光源，並且附上家庭用調光遙控器，
就能營造出適合且舒服的燈光。

當成間接照明

立燈不僅容易移動、追加，而且有著各種不同的尺寸，加上外觀設計風格多樣，從簡潔到個性化都有，是應用範圍相當廣泛的照明燈具。

最近市面上也推出專為間接照明設計的立燈，只要放在家具的背後或旁邊，就能當成間接照明使用。

此外，許多檯燈都可用螺絲夾或夾子固定，因此可裝設在需要亮度及氣氛的位置。至於小型圓球狀的立燈只要放在電視後方，就能成為看電視時的間接照明；如果放在沙發或盆栽的後方，也能展現沉穩與非日常氣氛的光線。

在使用立燈時，只要像這樣添加一點巧思，照明就能產生變化，在空間中營造出與平常不同的氣氛。

使用白熾燈泡與調光器

使用白熾燈泡來當成立燈的光源，再附上家庭用調光遙控器，就能營造出適合且舒服的燈光氣氛（▶P152）。回想旅館的房間，天花板幾乎沒有安裝照明，只用兩、三座立燈以及壁燈，就能取得充分亮度。住宅中也可以乾脆地使用類似這樣的照明計畫。舉例來說，將大約使用三個燈泡的大型立燈當成寢室的主照明，再配合房間大小追加小型立燈。設置照明的場所，盡可能地靠近房間的角落。此外，最好也在床邊設置立燈或壁燈來當做床頭燈。

不過，立燈較占空間，如果空間本身不大，最好不要勉強設置。但如果有偏好的燈具設計，把它當成室內的視覺重點來擺放也很令人開心。

◆立燈的種類

●間接照明用立燈／垂直型

●間接照明用立燈／水平型

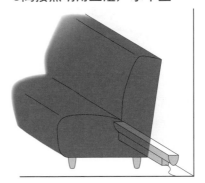

●球型立燈

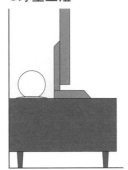

●像球型立燈這樣簡單、小型的立燈,可將其隱藏起來當成間接照明使用。放在電視背面效果也不錯,現在的電視都採用高輝度面板,若周圍稍為明亮,就能降低對比,使畫面看起來較柔和、讓眼睛更舒服

●夾燈

●在書櫃上安裝夾燈,能夠照射天花板或書櫃本身,營造間接照明的效果

●旅館房間

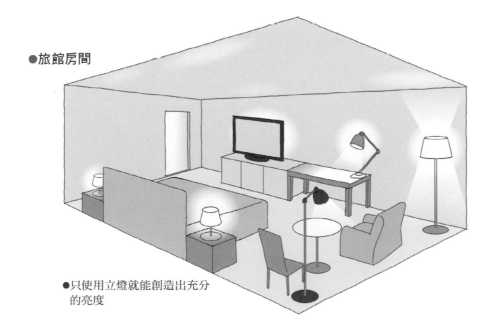

●只使用立燈就能創造出充分的亮度

1 在照明計畫開始之前

2 照明計畫的基礎

3 住宅空間的照明計畫

4 燈具配置與光源效果

5 非居住空間的照明計畫

6 光源與燈具

7 文件與參考資料

064

融合家具的間接照明

Point

在固定家具或訂做家具中加入照明原素，
就能營造出「融合建築或室內裝潢的燈光」。

營造出多彩多姿的氣氛

在製作固定家具或是訂做可動式家具時，如果能在其中加入照明元素，就能成為結構性照明或間接照明。

舉例來說，使家具上方發光以照射天花板，就能產生類似反射式照明的效果。如果在家具底部設置照明，使其照射地板，就能成為地板的間接照明。此外，在矮櫃上方靠近牆邊處設置間接照明，雖然光的方向與遮光式照明上下相反，還是能營造出類似的氣氛。

訂做家具結合照明燈具的優點是，就算不進行如同重新裝潢那樣大規模的工程，也能將燈光與建築或裝潢融合，創造出與結構性照明相同的效果。此外，不只新的建築，舊屋重新裝潢也很容易就能營造出外觀清爽、接近結構性照明的間接照明。設置時，必須注意燈具不可被看見、以及燈泡必須容易更換，在設計時要決定詳細尺寸，同時確認燈具的特性。

注意尺寸、散熱、電源

在家具中設置間接照明時，有可能發生設置空間太小的情況。如果是收納家具，可能會因為設置照明的緣故而大幅降低收納的能力。此外，燈具或光源散熱時所發出的熱量可能會破壞家具。尤其是木製家具，必須充分評估家具本身因照明產生的熱量而劣化、破損的可能性。某些燈發光時溫度很高，因此也必須確認是否有燙傷的疑慮、或是被水潑到的可能性。

即使是像螢光燈這種發光熱輻射很少的燈具，安裝在狹窄的密閉空間中，也會變得很燙，因此，最好能夠設置適當的開孔，以便散熱。此外，在製作與設計時，也要小心避免未來無法施工、製作、安裝、修理的情況。

如果將照明安裝在家具上，也不能忽略照明需要電源。因此，也要確認插頭是否能夠毫不勉強地從旁邊的插座取得電源、天花板照明的底座是否能夠接上電源等等。

◆結合照明的家具

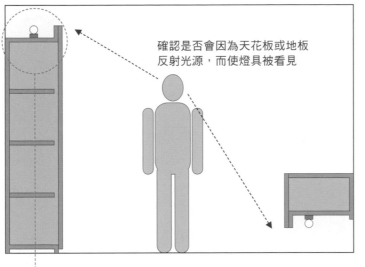

確認是否會因為天花板或地板
反射光源,而使燈具被看見

●矮櫃

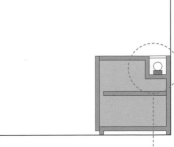

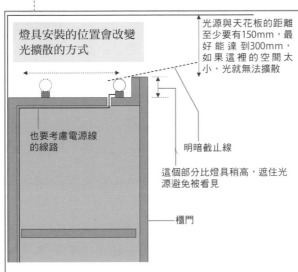

燈具安裝的位置會改變
光擴散的方式

光源與天花板的距離
至少要有150mm,最
好能達到300mm,
如果這裡的空間太
小,光就無法擴散

也要考慮電源線
的線路

明暗截止線

這個部分比燈具稍高,遮住光
源避免被看見

櫃門

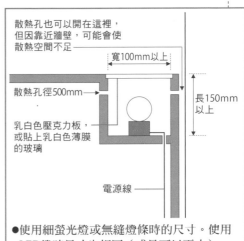

散熱孔也可以開在這裡,
但因靠近牆壁,可能會使
散熱空間不足

寬100mm以上

散熱孔徑500mm

長150mm
以上

乳白色壓克力板,
或貼上乳白色薄膜
的玻璃

電源線

●使用細螢光燈或無縫燈條時的尺寸。使用
LED燈時尺寸也相同(或是可以更小),
並且最好能夠調光

●燈具的配置與亮度

這一帶最亮

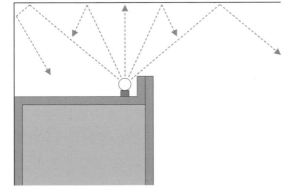

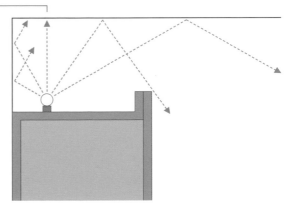

1 在照明計畫開始之前

2 照明計畫的基礎

3 住宅空間的照明計畫

4 燈具配置與光源效果

5 非居住空間的照明計畫

6 光源與燈具

7 文件與參考資料

065

使用LED燈①

Point

腦中要先有「LED燈是發展中的燈具」這樣的概念，
一邊判斷優缺點，一邊將其使用在適當的場所。

▌使用在適當的場所

使用LED燈時，必須先了解「LED是正在發展中的燈具」，先判斷使用在每個場合的優缺點，再決定設置場所。LED燈的長壽命及小體積是其他燈具所沒有的優點，因此設置在光源難以更換的場所效果很好。LED現在主要使用在下列這些場所：

●階梯燈

在每一階或是每隔一階裝設階梯燈，使微弱的燈光照在階梯上。此外，階梯燈的設置方式包括，裝在一旁的牆面、裝在踢面上方使其照向踏面、或是以線狀裝在踏面前端。使用LED光源時，即使周圍全暗也不至於太亮，對於適應黑暗的雙眼很柔和，不僅具有提高步行安全的效果，也因為耗電量低，可以當成常夜燈使用。

●扶手照明

這種照明是使用於樓梯扶手、或是面向穿堂的通道扶手的照明。這方法活用了LED燈的小體積與低發熱的優點，能夠以適度的光線照亮地面，而燈光也能以美觀的方式照亮扶手，因此營造氣氛的效果相當好。不過，由下往上看時可能會刺眼，因此在設置上必須注意。

●指示照明

將LED燈埋入地板中，以光點指示方向，或顯示空間的界線。

●上照燈

將LED燈埋入地板、或是直接裝設在地面上，由下往上照射牆面、柱子、樹木等。雖然上照燈種類很多，但LED燈溫度低、耗電量少，而且幾乎不用考慮更換光源的問題，因此效果較好。此外，戶外照明計畫整體來說價格偏高，使LED燈高價的缺點變得不明顯，更能凸顯其優勢。

●花園燈

一般家飾店等販賣的花園燈，是由LED燈與小型太陽能發電面板組成。雖然燈光微弱，但若在院子中多設置幾座，就能夠營造出愉快的氣氛。而且，需要插電的植栽用花園燈，亮度也相當充足。

◆LED照明的使用情況

●階梯燈

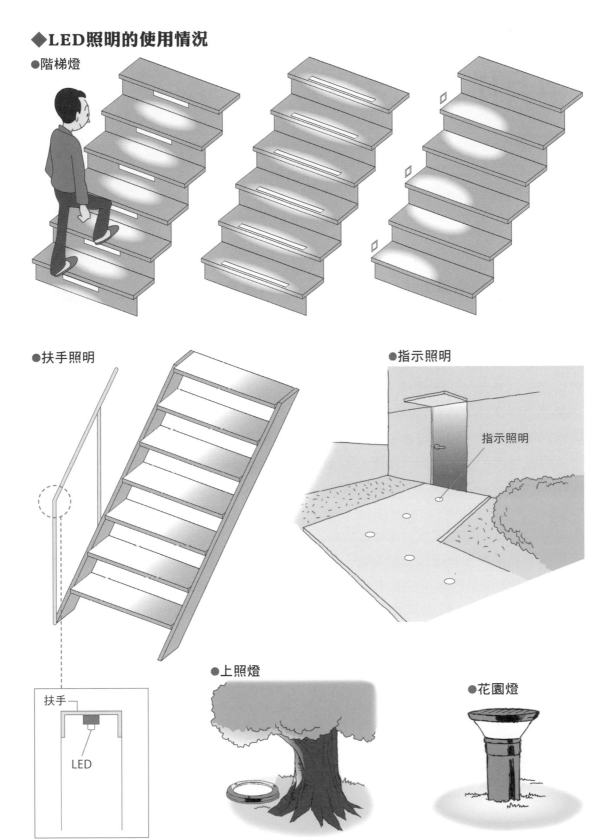

●扶手照明

扶手
LED

●指示照明

指示照明

●上照燈

●花園燈

1 在照明計畫開始之前

2 照明計畫的基礎

3 住宅空間的照明計畫

4 燈具配置與光源效果

5 非居住空間的照明計畫

6 光源與燈具

7 文件與參考資料

066

使用LED燈②

Point

如果改善了LED燈「亮度不足」的問題，
就有可能將其當成主照明使用。

▋導入的優勢逐漸增加

從前的LED燈光通量低，亮度不足以當成一般照明使用。不僅如此，由於LED燈屬於點光源，照射範圍狹窄也是弱點之一。然而，近年來LED燈的亮度急速增加，將其做為全面照明、用以取代白熾燈及螢光燈的研究也在進行當中。最近也開始出現販賣與嵌燈、聚光燈、螢光燈管同樣尺寸、同樣亮度的LED燈具。LED照明的色溫及演色性也改善到接近螢光燈的程度，而從高省電性與幾乎不用更換燈泡等特點來看，導入照明計畫的優勢的確在逐漸增加中。

雖然仍有許多LED照明產品在發生故障等問題時，不容易更換燈具或光源，但是有部分產品透過將光源的部分模組化後，讓更換變得更容易了。此外，愈來愈多的「LED取代型燈泡」能夠適用於各種形式的照明燈具，這種燈泡能夠發出與舊型燈泡品質相等，甚至更好的燈光。

▋有效的使用方式

LED照明適合用來當成壁燈、安裝於燈軌的聚光燈、間接照明、充電式立燈等來使用。

而LED照明最有效的利用方式，應該是使用於不容易更換燈泡、並且需要小型光源的間接照明吧！此外，安裝在家具中的燈泡對於照度、照明效果的要求較低，而且又不能太熱以免傷害家具，因此，也很適合使用較不容易發熱的LED照明。

再者，LED燈也適合做為照射貴重金屬的迷你聚光燈。因為LED的大小很容易放進展示櫃中，而且光線、發熱程度都不容易對商品產生傷害。

在公寓之類的集合住宅外部走廊、或屋外照明使用LED燈，蟲子也較不容易靠近。因為紫外線會吸引蟲子，因此如果使用不會發出紫外線的LED照明，就能節省打掃的時間，讓建築物維持在更美麗的狀態。

◆LED吊燈

◆LED夾縫型基礎照明

活用LED燈體積小的特性
來製作的吊燈照明

└┐燈具厚度18mm

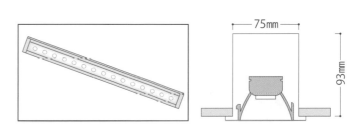

75mm

93mm

活用LED體積小的特性所製成的線狀照明燈具,可以用來取代螢
光燈,屬於最細的基礎照明

◆適合LED的使用方式

●間接照明

安裝在不容易
更換,且不需
要太高照度的
位置

●迷你聚光燈

體積小、也不會發出紫外線及
紅外線,因此不會傷害商品

●高處

適合用於所有
難以更換燈的
地方

1 在照明計畫開始之前

2 照明計畫的基礎

3 住宅空間的照明計畫

4 燈具配置與光源效果

5 非居住空間的照明計畫

6 光源與燈具

7 文件與參考資料

施工實例 ||||||||||||||||||||||||||||||||||||||||||||||||||||||||||||||||||

◆結構性照明

反射式照明,透過照射天花板來強調空間的高度與深度,並且為室內帶來柔和的光線

遮光式照明,透過照射壁面來強調水平方向的廣度,也能創造出比地板接收到的實際照度更為明亮的印象

◆腳邊間接照明

利用結構性照明來照射窗簾或其他簾子,能夠展現立體感、強調其表面的質感與花紋

階梯下方的階梯燈能夠讓步行更安全。由於不會太亮,因此對於習慣黑暗的雙眼來說也相當柔和,並且能夠營造出良好的氣氛

1 在照明計畫開始之前

2 照明計畫的基礎

3 住宅空間的照明計畫

4 燈具配置與光源效果

5 非居住空間的照明計畫

6 光源與燈具

7 文件與參考資料

◆照亮挑高天花板

在天花板挑高的空間中，照亮挑高的天花板或上方壁面，強調空間垂直的高度與橫向的廣度

◆屋內與屋外的連續性

將壁燈或聚光燈安裝在壁面，比安裝在天花板更容易更換燈泡，也能用來當成下方的照明

大部分的情況下，玻璃在夜間會如鏡面一般反射光線，讓人幾乎看不見屋外。如果以燈光照射屋外的地板或盆栽，或是降低室內亮度、控制燈光照射的方向，即使在夜間也能讓視覺延伸到戶外空間，帶給人開放感

照片　〈1、2、5〉提供：ODELIC照明公司　〈3〉實例：大阪ELSEREINE飯店、設計：日建設計、提供：TOKI公司　〈4〉提供：TOKI公司　〈6～8〉提供：大光電機

COLUMN >> 不需要更換電燈的調光裝置

調光裝置的種類

調光的裝置有各式各樣的種類，在特徵、效果、價格上也有很大的差異。舉例來說，租賃住宅等即使沒有附設調光開關，也可以在天花板附設的懸掛式燈座上安裝附有調光機能的專用燈軌，這麼一來，以白熾燈為光源的聚光燈、或是吊燈等就能夠調光。

◆調光裝置

●懸掛式燈座用的調光裝置

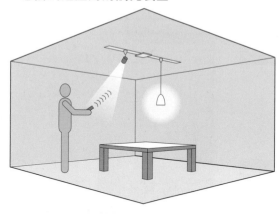

此外，使用立燈時，也能在燈具的插頭與插座之間裝上立燈用的調光開關，只要光源是白熾燈泡就可調光。使用這些工具，即使在飯廳或寢室等空間中，也能自由地控制亮度來營造照明環境。

調光開關與系統

最常見的調光開關，是能夠上下移動調整亮度的開關，以及附有燈光明滅開關的面板。調光開關可分為白熾燈用及螢光燈用，只要安裝適合的調光開關，就能簡單且正確地調整亮度。不過，每個調光面板只適用一條電路，因此電路多的房間必須注意調光面板是否數量過多而造成空間、電路雜亂。

●某些懸掛式燈座的燈軌上附有調光機能，可使用遙控器調光。

●立燈用的調光開關

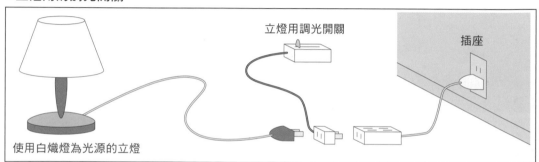

立燈用調光開關

插座

使用白熾燈為光源的立燈

067

辦公室的照明計畫

Point

為了配合辦公桌位置可能會改變的狀況，
必須營造出「無論辦公桌擺在何處，都能得到一定亮度」的照明空間。

辦公環境照明

辦公室不僅是工作場所，同時也是一天當中人們使用時間最長的起居空間，因此照明計畫必須要同時考慮到這兩個用途。此外，如果是辦公大樓，整棟大樓中不僅有許多裝設照明的地方，點燈時間也很長，因此評估節能與運作費用也很重要。

最近許多辦公室都會採用節能效果良好的辦公・環境照明（▶P104），這種照明模式種類繁多，如全面照明與檯燈、壁燈的組合等等。

減輕辦公室空間的反射眩光

辦公室內作業包括閱讀文件、製作文件、與人交談、進行思考、判斷等等，近年來由於電腦作業普遍的關係，盯著發光螢幕的作業時間也逐漸增長。

以前，電腦使用的是傳統的映像管螢幕，這種螢幕容易反射天花板上的螢光燈，產生反射眩光，導致看不清楚畫面內容。近年來雖然愈來愈多人使用液晶螢幕，減少了這方面的問題，但若想減輕反射眩光，可以選用光源不露出的照明燈具，例如可埋入天花板、或是附有格柵的燈具，就能有效地改善。

此外，使用電腦進行作業時，若周圍的亮度明顯低於螢幕，亮度差會使眼睛容易疲累，因此作業環境必須要有充分的亮度。

照明要能因應辦公桌的配置變更

辦公室的辦公桌等設施常有變更位置的需求。為了因應這種情況，全面照明的配置方式必須讓辦公桌無論放在辦公空間內的任何一處，都能得到一定的亮度。一般的辦公作業必須確保750lx左右的照度。至於精細的用眼作業，則需要使用檯燈等來做為輔助照明，以確保能取得較高的照度。

◆辦公環境的照明模式

●全面照明＋辦公照明

●上照燈＋辦公照明

●全面照明＋上照燈＋
　辦公照明

◆眩光的原理

約30度

容易反射這一側的燈具

遮光角30度以下，且光源外露時，容易產生眩光

電腦螢幕反射照明燈具，妨礙作業

◆照明燈具防止眩光的措施

●附鏡面格柵

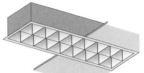

防止眩光的效果最好

●附全方向配光白色格柵

能夠充分防止眩光

●附擴散板或透鏡板

能夠充分防止眩光

●下方開放型

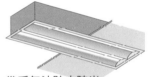

幾乎無法防止眩光

●光源露出型、山形

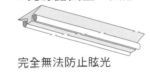

完全無法防止眩光

◆照明的配置

●辦公室的配置圖例（平面圖）

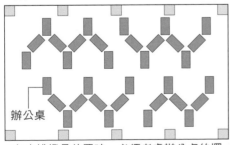

辦公桌

●在安排燈具位置時，必須考慮辦公桌的擺放位置有變動的可能性

●螢光燈的配置（天花板反射圖）

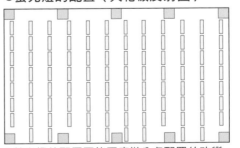

●螢光燈的配置要能因應辦公桌配置的改變

1 在照明計畫開始之前

2 照明計畫的基礎

3 住宅空間的照明計畫

4 燈具配置與光源效果

5 非居住空間的照明計畫

6 光源與燈具

7 文件與參考資料

068

綠色採購條款與照明

Point

綠色採購條款中，
以「環保物品的判斷標準」為依據來選擇光源與照明燈具。

綠色採購條款

日本於二〇〇一年四月開始實施「綠色採購條款（促進日本政府等機構採購環保物品的相關法律）」，政府機關有義務購買環保產品，並且鼓勵地方公共團體及民間業者、國民也致力於購買環保產品。不過，雖然立法，卻只是沒有罰則的義務規範[1]。

所謂「綠色採購」是指選擇產品時不只要考慮品質及價格，也必須考量此產品相對於其他產品是否能為環境帶來較少的負擔。雖然只有政府被賦予實施綠色採購的義務，但隨著環保意識提高，最近似乎也有地方公共團體及民間企業等，開始積極地實施該條款。

具體來說，購買時必須確認下列各點：
①減少環境污染物質
②節省資源及能源
③天然資源的永續利用
④可否長期使用
⑤重複使用的可能性
⑥回收的可能性
⑦再生材料等的利用
⑧廢棄處理的容易與否

綠色採購條款的內容除了規定購買產品時必須確認的要點之外，也包含了與環保有關的具體行動，例如：
①導入環境管理系統
②制訂環境保護計畫
③公開環境資訊

選擇照明也是綠色採購的重點

照明也包含在綠色採購的項目中。但並非像認證商品那樣必須達到一定標準才能使用，而是希望消費者在購買時能參考「環保物品判斷基準」來選擇光源與燈具。

在選擇時，光源必須要確認效率高低及壽命長短；燈具則要確認耗電量多寡。此外，在照明計畫中也要求多多運用日光，以及導入照度、人體感測器等，以免浪費電力。

各燈具廠商大多會列出達到此判斷基準的合適商品，方便在執行節能對策時可參考。

譯注：**1** 台灣則將其列為政府採購法的第九十六條，參考P253～254

◆綠色採購商品表

- ●印刷、資訊用紙
- ●面紙
- ●照明
- ●辦公家具
- ●制服、辦公室制服、工作服

- ●影印機、印表機、傳真機
- ●電腦
- ●汽車
- ●空調
- ●印刷服務

- ●廁所衛生紙
- ●文具、辦公用品
- ●冰箱、洗衣機
- ●電視
- ●飯店、旅館

◆綠色採購條款中適合產品的判斷標準

螢光燈照明燈具

①需滿足下列任何一項條件
 a.使用用途為設施用或檯燈用，能耗效率不小於表1中各種燈具的標準能耗效率
 b.使用用途為家庭用，能耗效率不小於表1中各種燈具的標準能耗效率乘上112／
  100，並且無條件捨去至小數點第一位的數值
②特定的化學物質含有率不超過基準值。該項化學物質含量資訊可輕易從網路上確認

●表1　有關螢光燈照明燈具的能耗效率

使用用途	種類		標準能耗效率〔lm／W〕
	螢光燈的形狀	螢光燈的輸出功率	
設施用	直管形、或緊密型中的雙燈管螢光燈	使用輸出功率86W以上的螢光燈	100.8
		使用輸出功率未滿86W的螢光燈	100.5
	緊密型中雙燈管以外的螢光燈		61.6
家庭用	環形或直管形	使用的螢光燈輸出功率合計70W以上（除了使用輸出功率20W的直管型螢光燈之外）	91.6
		使用的螢光燈輸出功率合計未滿70W，或是合計70W以上，但是使用的是輸出功率20W的直管形螢光燈	78.1
檯燈用	直管形或緊密型		70.8

LED照明燈具

（使用白光LED的嵌燈、吸頂燈、壁燈、吊燈、聚光燈、檯燈等燈具）

①固有能耗效率符合表2中的標準
②演色性為平均演色性指數Ra70以上
③LED模組的壽命四萬小時以上
④特定化學物質含量不超過標準值。該項可輕易從網路上確認化學物質含量資訊。

●表2　有關LED照明燈具的固有能耗效率

光源色	固有能耗效率
晝光色	70 lm／W以上
晝白光	
白光	60 lm／W以上
暖白光	
燈泡色	

備註
1.「光源色」的標準依據JIS Z 9112規定的螢光燈光原色區分標準
2.若燈具發出的光原色不是晝光色、晝白光、白光、暖白光、燈泡色，則不包含在本項的「LED照明燈具」中

螢光燈

（直管型：輸出功率為40W螢光燈）

①使用高頻整流器（Hf）啟動
②若是快速啟動型、一般啟動型必須滿足下列標準值
 a.光源的能耗效率在85 lm／W以上
 b.演色性為平均演色性指數Ra 80以上
 c.管徑為32.5（±1.5 mm）以下
 d.產品的平均水銀封入量為10mg以下
 e.額定壽命一萬小時以上

出處：「環境物品等的採購推廣相關基本方針」

1 在照明計畫開始之前
2 照明計畫的基礎
3 住宅空間的照明計畫
4 燈具配置與光源效果
5 非居住空間的照明計畫
6 光源與燈具
7 文件與參考資料

069

辦公室照明的維修

Point

設在天花板挑高處的照明，維修時不僅麻煩且花費甚高，
在設計階段就必須先對業主說明。

▌更換螢光燈

辦公室照明最常進行的維修就是更換螢光燈。近來螢光燈的壽命幾乎都可達一萬小時以上，假設辦公室一天點燈時間為十二小時，則可使用二十七個月。

達到額定壽命的螢光燈，並非變成無法亮燈的狀態，而是會呈現出低於標準值的光通量。因此，即使超過壽命期也多半還能使用，只是辦公室空間無法獲得充足的照度，使作業環境失去舒適性。這時採取分區更換的方式會是比較好的做法，時間一到就同時更換整區光源（▶P58）。不過，其中某些光源可能會在未到額定壽命時就不堪使用，因此若能為各種光源都準備一成左右的庫存，即使突然故障也能安心。

▌容易維修的照明計畫

在大型辦公大樓中，有許多天花板挑高的空間，如入口大廳等。這些地方可請專門業者搭建臨時鷹架、或使用高空作業車來進行維修。也有一種做法是，在建築階段就事先蓋好通往天花板上方的通道，維修時便可從天花板上方進行。不過，無論哪種方式都是既麻煩又花錢，因此在設計階段就要對業主充分說明，並取得理解。

如果是小型辦公大樓，業主也會進行日常維修，因此最好避免需要大規模作業的照明計畫。

▌附自動升降裝置的照明燈具

為了減少維修的困難度與經費，使用附自動升降裝置的照明燈具也是一種方法。只要一個按鈕就能控制燈具升降，不僅能夠簡單快速地作業，安全性也高。

不過，必須注意升降裝置本身也可能故障損毀。由於無法從外觀判斷，因此也必須定期檢查。

◆辦公室照明的維修範例

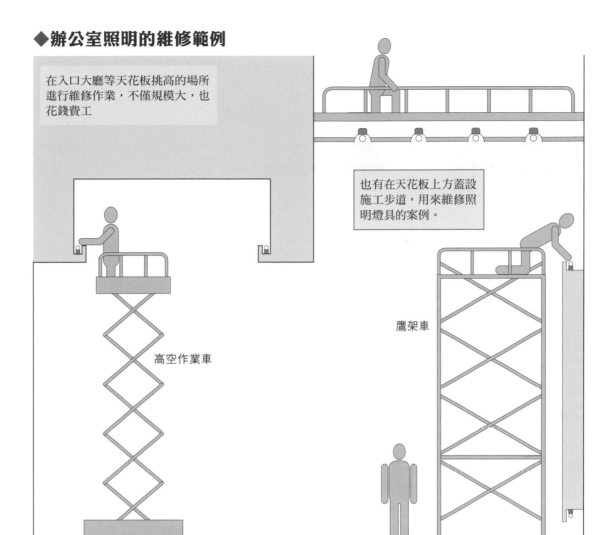

在入口大廳等天花板挑高的場所進行維修作業，不僅規模大，也花錢費工

也有在天花板上方蓋設施工步道，用來維修照明燈具的案例。

鷹架車

高空作業車

◆附自動升降器的照明燈具

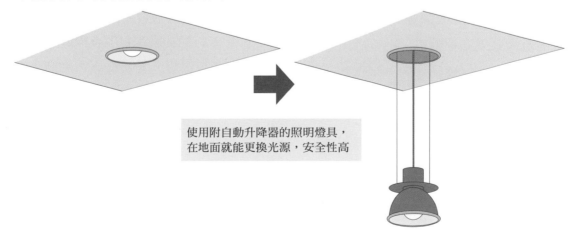

使用附自動升降器的照明燈具，在地面就能更換光源，安全性高

1 在照明計畫開始之前

2 照明計畫的基礎

3 住宅空間的照明計畫

4 燈具配置與光源效果

5 非居住空間的照明計畫

6 光源與燈具

7 文件與參考資料

070

入口大廳

Point

天花板挑高的入口大廳適合使用「反射式照明」、「遮光式照明」
及「發光牆」等間接照明。

入口大廳的功能

辦公大樓的入口大廳相當於住宅的玄關或玄關口，在住宅空間中，這個場所能讓人有回到自己領域的感覺。不過，如果是辦公大樓，大廳就變成是能讓人為接下來的工作收斂心神的場所。

此外，大廳每天都有員工、訪客等許多不特定的人進出；而上下班時間及午休時間時，則會有大量人潮集中在此活動。因此，辦公室的入口大廳多半會當做公共空間來設計，除了將天花板挑高、鋪設玻璃使其成為開放性空間外，也多半會設有接待櫃台。

使用照明來營造氣氛

若大廳天花板挑高，則可活用空間特性，以採用反射式照明、遮光式照明或發光牆等間接照明為宜。雖然有必要與全面照明併用，讓地面達到可安全步行的照度，但就算僅使用間接照明幾乎已能達到室內所需的亮度，還是能做其他清爽的照明設計。

辦公室照明雖然多半從早晨點亮到深夜，主要場所還是要以定時器控制，以避免不必要的照明浪費。在使用光源方面，若從發光效率、亮度、光源壽命、色溫等觀點來看，以螢光燈、金屬鹵化燈、或LED燈最為適合。至於燈具方面，與其外形醒目，還不如與建築融為一體更符合期望，因此可使用嵌入型螢光燈或嵌燈。此外，可採購照明燈具來當成接待櫃台的擺飾、或是在地板裝設LED指示照明來引導動線。

表現緊張感

最近辦公大樓的入口大廳，多半採用沉穩、颯爽的設計，給人充滿現代感的感覺。而在這種空間中表現的照明方式，也必須帶有一點緊張感，能夠帶給人冷靜、有力的感受。

◆入口大廳的照明計畫

計畫1

全面照明使用金屬鹵化燈。
為了避免燈具太醒目，可將
其安裝在凹槽內

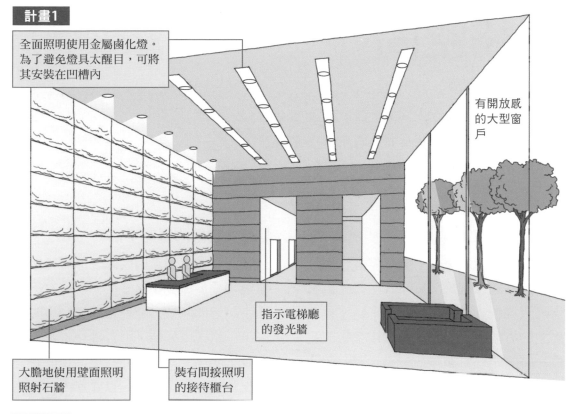

有開放感
的大型窗
戶

指示電梯廳
的發光牆

大膽地使用壁面照明
照射石牆

裝有間接照明
的接待櫃台

計畫2

均勻發光的流明天花板。若採用5,000K
稍微偏高的色溫，就能創造出如同戶外
光一般柔和的感覺

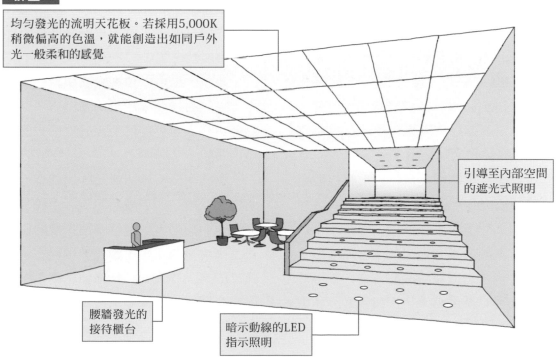

引導至內部空間
的遮光式照明

腰牆發光的
接待櫃台

暗示動線的LED
指示照明

1 在照明計畫開始之前

2 照明計畫的基礎

3 住宅空間的照明計畫

4 燈具配置與光源效果

5 非居住空間的照明計畫

6 光源與燈具

7 文件與參考資料

071

事務空間

Point

為了節能，要盡可能減少不必要的照明，
並且依照明「使用的時間、場所」來亮燈。

▌適合事務工作的照明

事務空間的照明，考量作業環境及經濟性等綜合因素，較常採用螢光燈及埋入天花板型的燈具。近來，為了提高施工的方便性及設計性而採用系統天花板，將照明燈具與空調等結合在一起的例子也逐漸增加。此外，某些業主也會依照方針，選擇符合綠色採購條款的商品（▶156）。

在事務作業方面，因為是以從早晨到傍晚一整天的活動為主，因此可使用色溫5,000K左右、接近自然光的螢光燈，營造出活潑、清爽的空間。不過，最近也出現偏好使用光色較暖的3,000K燈泡色螢光燈的辦公室。

無論使用哪種光源，照度都以設定為稍亮的500～750lx較適合，讓人在執行製作文件等用眼作業時，眼睛不至於因為持續觀看密密麻麻的文字而疲勞。然而，若螢光燈裸露的光源進入視野的話，就可能產生眩光，因此也必須留意是否要選用附格柵的燈具。

▌各式各樣的節能手法

近來考量到節能問題，即使是辦公室也傾向於減少不必要的照明。在天花板上以等間隔排列相同種類螢光燈的情形下，當天氣好時，白天靠窗附近的空間就很明亮，即使不點亮照明也能獲得充足的亮度。這時，可以在室內安裝亮度感測器，以控制系統調整照明。若窗戶附近夠亮，就自動關閉照明、或是利用調光降低亮度，到了夜晚亮度需求增加時再提升亮度。

此外，也可以和人體感測器共同運作，在只有幾個人加班的情況下，就只點亮這些人附近的照明，其他區域的照明則關閉。

至於辦公室經常採用的局部全面照明方式（辦公・環境照明），由於其中環境照明的亮度對進行事務作業的個別員工來說略為不足，因此，可以在個別員工的桌上等主要工作區域準備重點式的辦公照明，根據個別使用的時間、地點來點亮。

◆利用感應器在事務空間節能

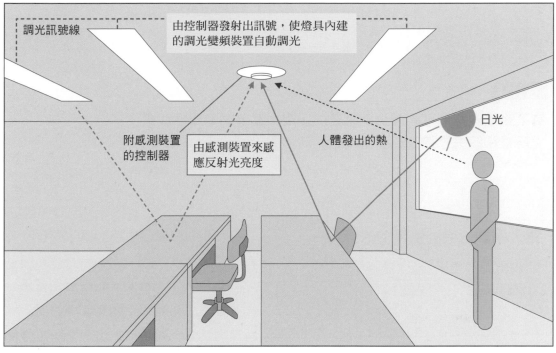

調光訊號線

由控制器發射出訊號，使燈具內建的調光變頻裝置自動調光

附感測裝置的控制器

由感測裝置來感應反射光亮度

人體發出的熱

日光

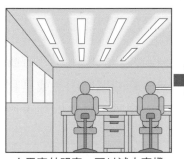

●白天室外明亮，可以減少亮燈，使兩者相加桌面亮度達到700 lx即可

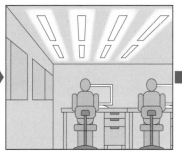

●傍晚到晚上戶外變暗時，以點燈提高亮度

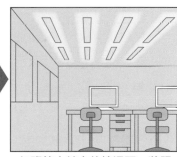

●加班等人較少的情況下，將照明調整到所需的最低亮度

◆分區控制模式範例

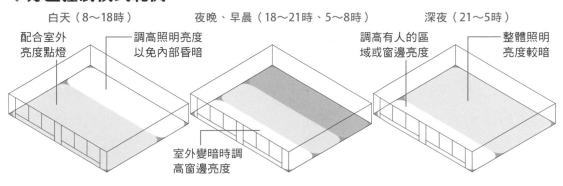

白天（8～18時）

配合室外亮度點燈

調高照明亮度以免內部昏暗

夜晚、早晨（18～21時、5～8時）

室外變暗時調高窗邊亮度

深夜（21～5時）

調高有人的區域或窗邊亮度

整體照明亮度較暗

●配合時段在需要的區域點燈，或是利用調光來達到節能的目的

1 在照明計畫開始之前

2 照明計畫的基礎

3 住宅空間的照明計畫

4 燈具配置與光源效果

5 非居住空間的照明計畫

6 光源與燈具

7 文件與參考資料

072

休息空間

讓人明顯感受到氣氛的改變

為了讓工作效率提升，辦公室內部都會設有讓人能夠轉換氣氛的休息空間。這樣的空間多半設在事務空間的一角，員工可在此談話、喝咖啡或吃點心。

事務空間的目的是讓人集中精神、有活力的工作；而休息空間的目的是讓人稍事喘息、養精蓄銳，以便再度回到工作中。以此為基礎，照明計畫也必須讓人從事務空間進入休息空間的瞬間，能立刻明顯感受到氣氛的改變。

事務空間一般的照度及色溫都設得較高，而休息空間的照度應該稍微降低，色溫約設在3,000K左右，使光色接近溫暖的燈泡色。

如咖啡店一般的氣氛

近來，先進的辦公室為了刺激員工的創造力，設有與其說像辦公室，不如說更像咖啡店一般的休息空間。不過，如果休息空間設在事物空間的角落，在室內隔間上並不容易做出明顯差異。這時，以照明來營造不同的氣氛就很有效果。

舉例來說，如果安裝時髦的壁燈、或採用遮光式照明等間接照明手法，就能營造出如同咖啡店一般裝飾性的氣氛。這種情況下，天花板的全面照明也最好避免採用與事務空間相同的螢光燈，可改用嵌燈等來變換視覺上的氣氛。光源採用以節能為優先的燈泡色螢光燈等也無所謂，如果同時使用鹵素杯燈，就能更強調放鬆的氣氛。

耗電量雖然與休息空間的使用頻率有關，但如果能以人體感測器來控制燈的明滅，也能有效節能。

此外，雖然在休息空間營造良好的氣氛相當重要，但這個空間的主要作用只是為了讓人短時間轉換心情，因此沒有更進一步的調光設備也無所謂。

◆休息空間的照明

色溫5,000K

色溫3,000K左右，溫暖的燈泡色

螢光燈

嵌燈

辦公室大多會把這裡裝潢得像咖啡廳一般，讓人能夠放鬆心情

工作空間

休息空間

為了產生這樣的對比，也得讓照明有變化

工作模式

放鬆模式

◆辦公室的JIS照度標準

空間		建議照度〔lx〕	光色
事務空間	辦公室	750	中、冷
	設計室、製圖室	1,500	中、冷
	研習室、資料室	750	中、冷
溝通空間	接待室	500	中、冷
	會議室、面談區	700	中、冷
休息空間	休息室、休息區	500	暖、中、冷
	餐廳、咖啡廳	500	暖、中、冷

1 在照明計畫開始之前

2 照明計畫的基礎

3 住宅空間的照明計畫

4 燈具配置與光源效果

5 非居住空間的照明計畫

6 光源與燈具

7 文件與參考資料

073

接待室·會議室

Point

將電路分區，使每個區域都能個別調光、開關，
並且讓色溫也能依照使用目的而改變。

▋接待室、會議室的功能

辦公室的接待室或會議室是與外來訪客談生意的場所。最近有很多辦公室的會議室也兼具接待室的功能，因此除了公司以外的人，公司內的同事需要意見交換、或是決定事情時，也會使用這個空間。

在空間安排方面，可以是在一個大房間中排列著數張供少人數使用的小桌子、或是在房間放置一張大桌子，讓許多人可同聚一室的大會議室，或者空間大小介於二者之間的房間等等。

▋要能調光、開關

接待室、與會議室的燈光必須均勻，並且達到一定的亮度，讓人不管在哪張桌子上閱讀文件都不會感到壓力。亮度調到最亮時，照度或可等同於事務空間，但基本上大多會調得稍暗些。

此外，在接待室、與會議室也需要觀看電腦螢幕電視、或使用投影機進行簡報、舉行視訊會議等。為了因應這些狀況，除了房間整體都要盡可能能夠調光的同時，也需要採用分區控制的電路，並且在靠近投影螢幕的牆壁上設置可調光、控制燈光明滅的開關，會比較好。再者，也可以讓照明與投影布幕、電腦連動，依照螢幕畫面來調整明暗平衡。

而在調光或開關燈時，為了避免有些桌面會變得漆黑一片，此時可使用只照亮桌面、但並非全面照明的燈光來避免這情形發生。

▋營造更細膩的氣氛

此外，為了加強簡報的力道，可在牆壁或天花板使用間接照明來緩和緊張感；另一方面，若要在舉行餐會或宴會時也能有適當的燈光，只要讓照明的色溫有較多的選擇就能達成。

色溫的調整範圍建議選擇3,000～5,000K之間，這麼一來就能擁有便利且實用的燈光效果。

◆會議室、接待室的照明配置

- 全面照明
- 桌面照明
- 全面照明
- 投影螢幕或投影板的照明

> 讓各個區域都能調光、開關，並且也能夠調節色溫

◆色溫的調節

●研習會、讀書會

色溫
5,000～5,600K

●營造有活力的氣氛

●討論、會議

色溫
4,000～5,000K

●營造清爽的氣氛

●簡報

色溫
3,500～4,000K

●營造沉穩的氣氛

●洽商

色溫
3,200～3,500K

●營造溫暖的氣氛

> 依照使用目的來改變接待室與會議室的色溫，營造出最適合的氣氛

1 在照明計畫開始之前

2 照明計畫的基礎

3 住宅空間的照明計畫

4 燈具配置與光源效果

5 非居住空間的照明計畫

6 光源與燈具

7 文件與參考資料

074

辦公大樓的外觀照明

Point

積極地設計辦公大樓的外觀照明，
不僅可提高存在感，對於都市景觀也有貢獻。

辦公大樓的外觀照明功能

雖然辦公大樓的外觀多半採取簡約的設計，若是位在市中心且面對大馬路的辦公大樓，可考慮在入口大廳或玄關口採用透明的玻璃外牆，或是對馬路或街道採取開放式的設計。如果能為這樣的辦公大樓設計適當的照明，不僅可提高存在感，對都市景觀也有貢獻。

照射外觀的手法

在辦公大樓的基地沒有多餘空間的情況下，部分外牆可採用埋地式照明向上照射、或是在外牆裝設可凸顯建材質感的間接照明、線性照明，營造出華麗的氣氛。

至於入口附近的照明，若要具有引導行人動線的作用，可以在此使用壁燈、埋地式照明、或聚光燈等來照亮周圍。如果辦公大樓在基地上採用了外牆內縮式設計，並且有植栽、樹木或開放空間等，只要向建築的外觀打上美麗的間接照明燈光，就能給予路過的行人寬敞的感覺。

這些照明的設置若達到一定規模，就會影響都市景觀，因此必須事先確認所在地區的都市規劃原則再行計畫。

高塔的照明展現

建造在大規模開發的市中心的高塔建築，就如同地標一般的存在，因此必須為其打光、或裝上燈飾等，來達到美化都市景觀的目的。為達到此目的，在計畫階段就必須充分地進行模擬，並且取得包含自治團體在內的計畫相關單位同意，才能實施後續步驟。

此外，商業區的建築彼此爭相展現照明設計的獨特性，也能帶給都市街道活絡的氣氛。不過，必須特別注意的是，若照明在設計上沒有理念或方針，而只求顯眼的話，就可能因為採用過多照明而淪為光害。

◆辦公大樓外觀的主要照明手法

●直接投光

●間接照明

●地標高塔的燈飾
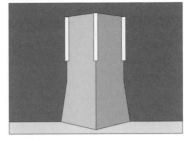

●燈飾
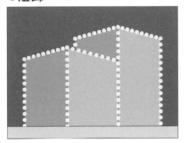

●外牆燈、壁燈
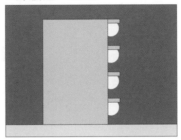

●室內燈

◆不同照明手法的效果

●直接投光
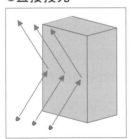

●強調建築的整體印象及陰影

●發光
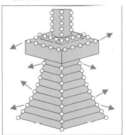

●強調建築的形狀及構造

●穿透光
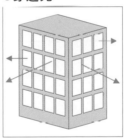

●強調建築的高度及存在感

◆直接投光的種類

●從地面投光
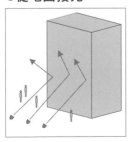

●在建地空間寬敞時效果較好

●從柱子上方投光
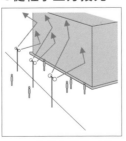

●例如車站大樓等建築物，從人行道上的燈桿投射

●從建築物直接投光
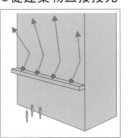

●使用於燈具的安裝位置有所限制的建築物

●從其他建築物投光
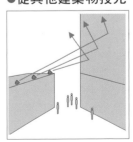

●依照建築物的間距來選擇燈具

1 在照明計畫開始之前

2 照明計畫的基礎

3 住宅空間的照明計畫

4 燈具配置與光源效果

5 非居住空間的照明計畫

6 光源與燈具

7 文件與參考資料

075

販售店的照明計畫

Point

從「基礎照明」、「重點照明」、「裝飾照明」
三個基本面向來思考照明計畫。

三大照明基本手法

販售店有許多種類，室內設計也隨著規模、位置條件、顧客、和販賣的商品等而千差萬別。本單元主要介紹承租店鋪與小型臨街店面的照明計畫。

思考販售店的照明計畫時，以下列三點為基本考量方向：

①確保店內基本亮度的基礎（全面）照明為何

②以重點（局部）照明為商品或展示品、假人模特兒打光

③以裝飾照明營造商店的華麗氣氛或是宣傳店名

若重視基礎照明，就會使用平均地照亮整個店內的手法，使空間呈現充滿活力的單一印象。這種手法多半使用於超市、便利商店、折扣商店等商品大量陳列的量販店。燈具使用節能效率高的螢光燈，至於想要特別強調的商品展示，可以使用金屬鹵化燈為光源的聚光燈，或壁面照明來打光。

若想強調店鋪個性，基礎照明的比重就要減低，並且增加照射商品或展示品的重點照明。重點照明的燈具中，雖以聚光燈最容易使用，但如果商品或展示品的位置是固定的，也可使用可動式嵌燈。

此外，鹵素杯燈或小型金屬鹵素燈為光源的燈具，因為燈具本身體積小、使用方便，是很值得推薦的燈具。另外，最近也推出與白熾燈、螢光燈、金屬鹵化燈或HID燈相同照度、可配光的LED嵌燈或聚光燈，增加了可使用的燈具選項。

高級店鋪

高級店鋪重視室內與燈具視覺效果間的整合性（▶P182）。為商品打光時，不僅要使商品無論從哪個方向看都有吸引力，也要為室內的背景創造出協調的燈光分布。此外，也必須注意隱藏燈具或光源不被客戶看到。

◆販售店的照明手法

●螢光燈（外露）

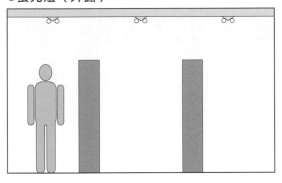

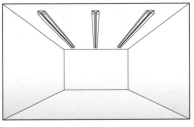

適用於陳列商品多的場合
例如超市、便利商店、折扣商店等

●螢光燈（埋入）

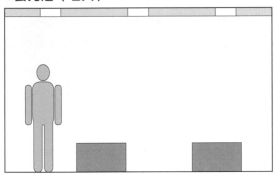

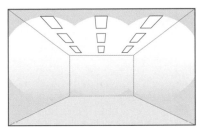

照亮整體空間
例如百貨公司、超市、書店等

●嵌燈

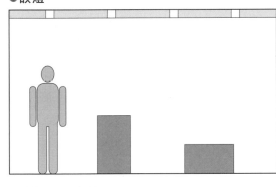

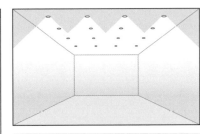

使天花板看起來清爽
例如百貨公司、精品店等

●嵌燈＋聚光燈

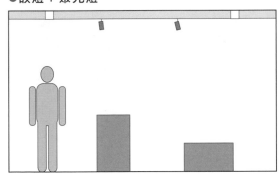

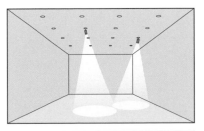

可讓視線集中在商品上
例如高級精品店、珠寶店等

商品數量多
＝
以基礎照明
為中心

商品量少
＝
以重點照明
為中心

1 在照明計畫開始之前

2 照明計畫的基礎

3 住宅空間的照明計畫

4 燈具配置與光源效果

5 非居住空間的照明計畫

6 光源與燈具

7 文件與參考資料

076

適合用於販售店的光源

Point

了解光源特性，
就能想像其與「安裝空間的關係」，設定出效果更好的照明計畫。

▌理解光源的種類

適合使用於販售店的光源種類與住宅或辦公室的種類相比，實在多太多了，有時也會遇到必須使用不太熟悉的光源。如果能夠事先廣泛地了解各種光源的特性，就能想像其與室內空間的關係，以便設定出效果更好、較不易失敗的照明計畫。

挑選光源的基礎，雖然會隨著商店種類或商品組成而改變，但為了能夠確實表現出商品的色彩及質感，挑選平均演色性指數Ra80以上的光源，是相當重要的。例如鹵素燈泡Ra100的光源，雖然發熱是缺點，但在演色性方面就相當適合。除了演色性指數外，也必須了解運作費用的耗電量及光源壽命、以及價格等，並且在設計階段就事先對業主說明，以便訂定之後的維修計畫，避免安裝後的糾紛。

▌維修與照明效果

在安裝光源時就要先考慮到事後維修的事宜。但也不好因為過於重視光源更換的問題，而犧牲照明效果。以間接照明為例，即使更換燈泡需要技術而有些費事，其光槽的設計仍然應該以照明效果最佳的方向為優先，細部尺寸也只需要設計成能夠維修的最低限度即可。

安裝在天花板上的嵌燈高度，一般雖然設在爬上梯子就能搆到的三‧五公尺以下，但是，販售店也可能是由專門的業者來進行維修，這種情況下嵌燈就能設置在三‧五公尺以上的高度。如果專門業者站在高空作業車或臨時鷹架上維修，甚至還能在七～八公尺的挑高天花板上安裝燈具。不過，專門業者的維修費很高，必須事先取得業主的理解。

此外，使用的光源種類很多時，也可建議業主事先預備各種光源，避免光源故障時沒有庫存。

◆光源的種類及特徵

	種類	配光控制	輝度	尺寸	效率	演色性	色溫	壽命	基礎照明	重點照明	演色照明	裝飾照明
白熾燈泡	一般燈泡（矽玻璃燈泡）	容易	高	小	低	優	低	短	○	○	○	○
	密封式光束燈泡	－	高	小	低	優	低	短	○	○		○
	氪燈泡	非常容易	非常高	非常小	低	優	低	短	○	○		○
	小型鹵素燈泡（省電型）	非常容易	非常高	非常小	高於白熾燈泡	優	低	比白熾燈泡長	○	○	○	○
	小型鹵素燈泡（低電壓型）	非常容易	非常高	非常小	高於白熾燈泡	優	低	比白熾燈泡長	○	○	○	○
	雙燈帽鹵素燈泡	非常容易	非常高	非常小	高於白熾燈泡	優	低	比白熾燈泡長	○	○	○	○
螢光燈	直管形螢光燈管	稍為困難	稍低	中	高	中～優	低～高	非常長	○			
	雙管式緊密型螢光燈	容易	高	中	高	優	低～高	非常長	○			○
	四管式緊密型螢光燈	容易	高	小	高	優	低～高	非常長	○	○		○
	六管式緊密型螢光燈	容易	高	小	高	優	低～高	非常長	○	○		○
HID燈	高演色型金屬鹵化燈	非常容易	非常高	非常小	高	優	低～高	長	○	○	○	
	一般金屬鹵化燈（透明型）	容易	非常高	中	高	優	低～高	長	○			
	高演色型高壓鈉燈	透明型容易	非常高	非常小	高	優	低	長	○	○	○	

出處：參考《照明手冊第二版》（Ohmsha出版）製作

◆每種光源適合的對象物

對象 \ 光源	小型鹵素燈泡（單燈）	小型鹵素燈泡（雙燈）	110～V鹵素燈泡（低紅外光型）	普通燈泡（矽玻璃燈泡）	透明燈泡	密封式光束燈泡	反射燈泡	燈泡色型 3,000K	畫白光型 4,300K	畫光型 6,000K
物品 玻璃	◎	○	○		◎	○			◎	
金屬（金屬光澤）	◎	○	○		◎	○			◎	○
金屬（塗裝）	◎	○	○		◎	○	○		◎	
木（原木）	○	◎	○	○	○	○	○	○		
木（塗裝）	○	◎	○	○	○	○	○	○		
瓷器	◎	○	○		◎	○			◎	
服飾 布	○	◎	◎	○		○	○	○		
毛料	○	◎	○	○		○	○	○		
皮革	○	◎	◎			○	○	○		
皮草	○	◎	◎			○	○	○		
食品 黃綠色系	○	◎	◎			○	○	○		
紅色系	○	◎	○			○	○	○		
青色系	○	◎	○			○	○	○		
麵包	○	◎	○	○		○	○	○		

◎：非常適合　　○：適合

出處：參考《照明手冊第二版》（Ohmsha出版）製作

1 在照明計畫開始之前
2 照明計畫的基礎
3 住宅空間的照明計畫
4 燈具配置與光源效果
5 非居住空間的照明計畫
6 光源與燈具
7 文件與參考資料

077

為商品打光

Point

以「販售的商品相當於舞台上的演員」的方式來思考，
打光時必須花心思強調其長相、姿態以及個性，展現其魅力。

▌展現出魅力的打光方式

如果將販售店比喻成戲劇舞台，客人就相當於觀眾、室內設計就相當於舞台美術、商品則相當於演員。為這些演員打光時，會採用比背景更亮的聚光燈來做為舞台照明，強調出他們的長相、姿態及個性。不過，如果是真正的舞台，觀眾的主要視線只會往同一個方向注視，但店內商品的擺設各有不同，視線方向也跟著改變，因此打光時必須讓商品無論從哪個方向看都能展現出魅力。

尤其是店鋪中央島型陳列台上的商品展示，打光時必須留意來自360°方向的視線。儘管如此，也不能四面八方完全以光線照亮，必須考量到商品打光時產生的影子，利用光影創造出立體的視覺效果，使商品在空間中的存在感更加強烈。此外，使島型陳列台本身發光，由下往上照射商品也是一個方法。

至於陳列在牆邊或架上的商品，由於呈列方式限制了顧客的視線方向，更容易營造出戲劇化效果。不過，如果將氣氛營造地太過講究，反而會使客人不敢隨意觸碰商品，因此必須依照客層來考量氣氛的營造與方針。此外，架上陳列的商品在呈現時，將間接照明設成背景的例子也很多，但若沒配合其他照明，可能會造成只有背景明亮，燈光無法照射到前方商品的情況。若是如此，顯眼的就只是商品剪影，無法有魅力地呈現最重要的商品本身，因此必須也在陳列架上設置照明，以確保必要的亮度。

▌注意紫外線及熱輻射

若是陳列高級商品，則要注意光源發出的紫外線、及熱輻射所產生的影響。尤其是染色品特別容易受到紫外線的影響，長時間暴露在螢光燈下可能會變色。至於皮製品、皮草、珍珠等容易對熱輻射產生反應；生鮮食品及鮮花也不耐熱。超市等商品的鮮度雖然也受到迴轉率影響，但生鮮品長時間暴露在熱輻射線下也容易腐壞，因此，必須選擇不會發出強烈熱輻射的光源來確保商品的品質。

◆為商品打光的手法

●商品展示的照度（將基礎照明的照度設為1）

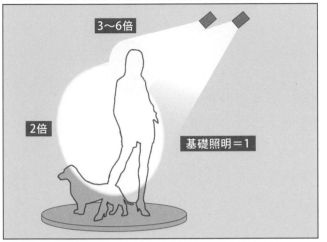

●除了確保整體的照度外，也必須以聚光燈照亮臉及胸口等重點部位

●暗色商品的情況

●打亮西裝等暗色商品的背景，強調其剪影也是一種方法

◆配光與效果

●以100W鹵素燈泡為光源的聚光燈（從離地2m處照射的情況）

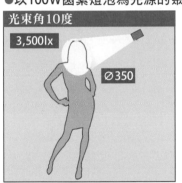

光束角10度
3,500lx
Ø350

●營造出最重點商品的戲劇效果

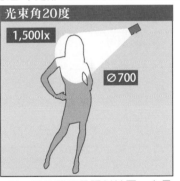

光束角20度
1,500lx
Ø700

●最一般的照度及照射範圍，容易運用

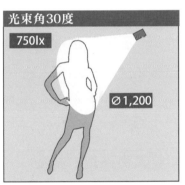

光束角30度
750lx
Ø1,200

●能夠照亮大型商品的整體

●以150W金屬鹵化燈為光源的聚光燈（從離地2m處照射的情況）

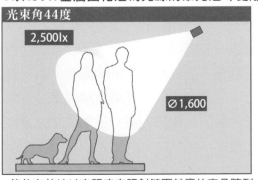

光束角44度
2,500lx
Ø1,600

●能夠有效地以高照度來照射範圍較廣的商品陳列

為了營造出更有魅力的氣氛，必須依照目的挑選配光、光量適當的聚光燈

出處：參考《照明基礎講座教科書》（（社）照明學會）製作

1 在照明計畫開始之前

2 照明計畫的基礎

3 住宅空間的照明計畫

4 燈具配置與光源效果

5 非居住空間的照明計畫

6 光源與燈具

7 文件與參考資料

078

明暗的平衡

Point

不可忘記因為有黑暗的部分才能強調出明亮的部分，
藉此更進一步創造出空間的張力與平衡。

▍明暗的張力相當重要

如果店內除了安裝許多照射商品的聚光燈外，還設置照亮整個空間的全面照明，那麼聚光燈所帶來的強調效果就會變得不明顯，給人平凡且模糊的印象。

很多業主都會要求店內整體呈現明亮的感覺，但也不能忘記正因為有黑暗的部分，才能使明亮的部分看起來顯眼，進而創造出空間的張力與平衡。

▍裝潢與亮度的搭配

店內裝潢的色調也會改變給人的明亮感。採用較多白色裝潢的店家，由於白色建材容易反射光線，即使照明數量較少，也能獲得充足的亮度。反之，採用較多黑色裝潢的店家由於沒有反射光，必須要使用大量的照明才能給人明亮的印象。

然而，暗色的空間與明亮的感覺原本就是互相矛盾，若空間屬於暗色調，照明也應該營造出昏暗、精緻的氣氛，

因此，在建立照明的概念時，也應思考裝潢與亮度的搭配。

▍裝潢也有適合的色溫

商店的照明設計需要思考店內的裝潢、商品色調、及色溫之間的搭配。舉例來說，以黑白色調為主的商店，其照明組成採用4,000K以上的高色溫燈具，較容易強調出黑白色調特有的冷靜印象。另一方面，店內若採用較多的自然色調或暖色系，那麼照明組成以燈泡色等溫暖的色溫為主，氣氛也能變得較柔和。

此外，盡可能地統一相同空間的色溫，看起來會比較美觀。但如果只想要特別強調某個部分，如展示特定的商品等，可在以燈泡色構成的空間中，只有那個部分以高色溫的聚光燈照射。然而，若在空間中的多處皆使用此手法，可能會給人焦點四處分散的印象，必須注意。

◆三種照明的明亮程度

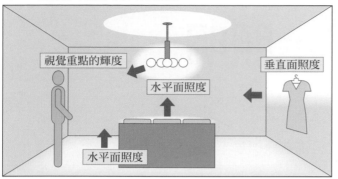

視覺重點的輝度

水平面照度

垂直面照度

水平面照度

●在營造販售店等空間的氣氛時，以三種照明為基礎來考量

●只有水平面

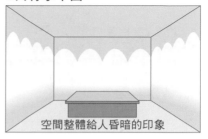

空間整體給人昏暗的印象

●水平面＋垂直面

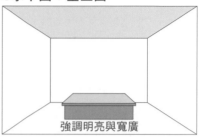

強調明亮與寬廣

●水明平面＋垂直面＋視覺重點

營造出華麗的氣氛

◆販售店的JIS照度標準

店內全面照明	高級品專賣店（貴金屬、服飾、藝術品等）	150～300lx
	趣味休閒店（相機、手工藝、花等）	200～500lx
	日用品店（雜貨、食品等）	150～500lx
	流行服飾店（服飾、眼鏡、鐘錶等）	300～750lx
	文具、3C用品店（家電、樂器、書籍等）	500～750lx
	DIY專賣店（DIY家具、料理等）	300～750lx
陳列重點	陳列重點	750～1,500lx
	陳列的最重點	1,500～3,000lx

出處：選自JIS Z 9110-1979

◆基礎照明的間距及平均照度

●下方開放的螢光燈具

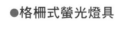

照明率設定 **0.60**

2.0m

1.5m

FLR40W×2
約1,000lx

●格柵式螢光燈具

照明率設定 **0.50**

2.0m

2.0m

FPL36W×3
約700lx

●螢光燈搭配壓克力板（乳白）

照明率設定 **0.35**

2.0m

2.0m

FPL36W×3
約550lx

●嵌燈

照明率設定 **0.60**

2.0m

2.0m

150W金屬鹵化燈
約1,100lx

●基礎光源能夠確保的照度，隨著使用光源的光量與間距而改變

●重視效率
基礎照明也是商品照明

●重視商品與空間的氣氛
併用營造商品氣氛的照明與空間氣氛的照明

出處：參考《照明基礎講座教科書》（（社）照明學會）製作

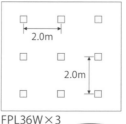
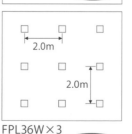
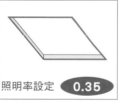
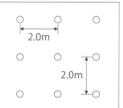
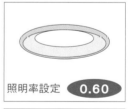

1 在照明計畫開始之前

2 照明計畫的基礎

3 住宅空間的照明計畫

4 燈具配置與光源效果

5 非居住空間的照明計畫

6 光源與燈具

7 文件與參考資料

079

櫥窗商品展示照明

Point

展示櫥窗需要充分的亮度，
以免因為照射到外來光及反射光，造成內部展示商品看不清楚。

確保充分的亮度

展示櫥窗多半面對街道或公共道路，而商品就放在大型玻璃的箱型空間中展示。這些箱型空間大多數都不是完全封閉的，以便讓人能夠透過櫥窗看見店內的設計。

展示櫥窗的照明計畫必須注意下列兩點：

①玻璃面可能會因為反射外來光、或對面建築物的燈光等，造成櫥窗內部展示的商品看不清楚，因此必須確保櫥窗內有充分的亮度。

②為了因應每月或每季變更的展示內容，照明也必須能有彈性的對應方式。

聚光燈的基本概念

展示櫥窗基本上會在天花板靠近窗戶一側設置燈軌、或裝有燈軌的凹槽，並在凹槽上安裝聚光燈做為照明。如此一來，就能自由地增減聚光燈的數量、或更動安裝位置。若展示空間的大小或深度允許，可事先在地板上也安裝好聚光燈，或是在左右側的牆面上裝設好燈軌，這樣就能從各種不同的位置對商品打光。此外，多準備幾個電源插座，也能更方便地展示內部藏有照明裝置的雕塑品或裝飾品。

運用結構性照明

靠近牆面的商品展示燈光，不僅要能將顧客的視線誘導至店內深處，也要想辦法讓商品看起來有魅力。為了讓空間看起來清爽，運用結構性照明是常見的手法，這種手法也能將照明與陳列器具融合，創造自己出的結構性照明。

雖然鹵素杯燈是常用的聚光燈光源，但如果想以強光帶來視覺上的衝擊，也可以使用小型金屬鹵化燈。此外，也能與LED燈或螢光燈併用。

◆營造出陳列的氣氛

●展示櫥窗

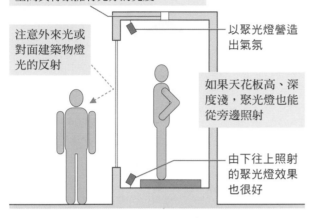

利用嵌燈與壁面照明等,來確保整體空間與背景擁有充分的亮度

注意外來光或對面建築物燈光的反射

以聚光燈營造出氣氛

如果天花板高、深度淺,聚光燈也能從旁邊照射

由下往上照射的聚光燈效果也很好

●玻璃展示櫃

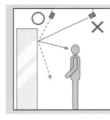

如果玻璃展示櫃很高,若從較遠位置照射,聚光燈就可能被玻璃反射而產生眩光

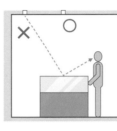

如果從顧客對面的天花板照射,可能使展示櫃上方的玻璃反射出燈具與光源而產生眩光

◆商品展示的結構性照明配置範例

●階梯式天花板

●能夠從壁面上方照射,但需要另外安裝商品照明

●遮光式照明

●燈具稍微遠離牆面,也能照射壁面下方

●平衡照明

●同時照射牆面與天花板,但需要另外安裝商品照明

●上照燈
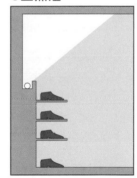
●能夠確保充分的亮度,但需要另外安裝商品照明

◆運用陳列櫃來呈現照明的配置範例

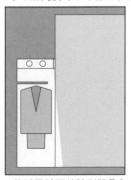
●能賦予壁面的陳列器具內充分的亮度

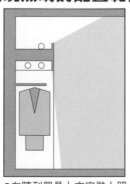
●在陳列器具上方安裝上照燈,朝上打光

●上照燈也能同時照亮陳列器具內部

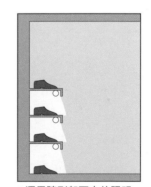
●運用陳列架下方的照明,使商品及壁面周圍獲得充分的亮度

出處:參考《照明基礎講座教科書》((社)照明學會)製作

1 在照明計畫開始之前

2 照明計畫的基礎

3 住宅空間的照明計畫

4 燈具配置與光源效果

5 非居住空間的照明計畫

6 光源與燈具

7 文件與參考資料

080

平價商店

Point

利用「反射式照明」、「上照式間接照明」、「壁面照明」等來呈現燈光，讓空間看起來廣闊、具有開放感。

▎營造出乾淨、活絡的氣氛

超市、雜貨店、書店、郊外型商場或暢貨中心等都是屬於氣氛輕鬆、商品單價較低的商店，單位面積陳列的商品數也較多。這類商店會使用基礎照明來確保店內整體的亮度，營造出乾淨、活絡的氣氛。燈具方面也會選擇輝度適中、配光角度大的類型，使天花板面及壁面上方看起來明亮。

▎活用商品上方的空間

如果想要減輕商品量多、通道狹窄所帶來的壓迫感，在天花板較高的情況下，使用反射式照明、上照式間接照明、壁面照明等照射天花板附近的照明方式，可產生不錯的效果。若從垂直面考量空間的運用，店內商品陳列的高度大約會與人的身高相等，這時便可利用上方的開放空間來營造氣氛，強調空間的廣闊及開放感。

▎強調重點商品

配合商店的概念、設計或商品特性，以聚光燈或壁面照明為架上的商品群打光，也能強調出重點商品。這時的基礎照明可使用螢光燈或金屬鹵化燈，並在配置時設定好使用的規則性。

至於色溫，若統一在3,000K左右就能讓氣氛變得溫暖；若統一在5,000K左右，則能營造出明亮、清爽的感覺。平價商店整體來說需要較明亮的照度，如果有想要強調、必須吸引注意力的部分，則集中使用聚光燈來當成重點照明，使照度達到其他部分的兩倍左右即可。

空間給人的印象不僅會受到照射地面、牆面、商品的燈光亮度影響，也與燈具本身呈現的亮度有關。雖然燈具不能讓人看起來刺眼、不舒服，但平價商店的燈具即使有一定程度的明亮感，也會成為令人感覺氣氛活絡的要素。

◆平價商店的氣氛營造

●重點照明
有將顧客引導至
店內的效果

●基礎照明
有規則的配置輝度適中的燈具

●重點照明
使特定商品更
顯眼

●從柱子上方照射
若賣場面積廣大，垂直面
的照明就變得很重要

●從壁面上方照射
將客人引導至店鋪後方的同時，
也給人空間寬廣的印象

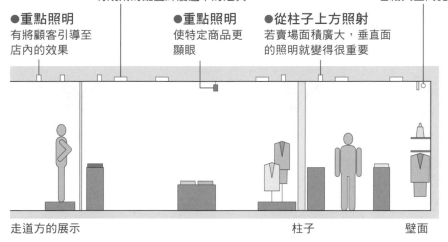

走道方的展示　　　　　　　　　　柱子　　　　　壁面

在牆邊設置壁面照
明或遮光式照明、
在商品展示上使用
聚光燈來營造氣氛
等，都能使空間深
度清楚呈現，具有
將顧客引入店內的
效果

◆壁面照明的效果

●使用前

●使用後

●適用於商品量多的平價商店，讓空間呈現寬廣的開放感

◆壁面照明的種類

●專用型

使用螢光燈具或緊密型螢光燈
具，大範圍地照射陳列於壁面
的商品

●基礎照明兼用型

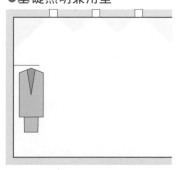

以白熾燈泡或緊密型螢光燈等
照射地面，同時也照射到商品
及牆面。可與聚光燈等併用

●聚光型

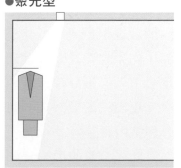

使用鹵素燈泡或金屬鹵化燈等
小範圍地照射商品，可營造出
與周圍空間的張力

1 在照明計畫開始之前

2 照明計畫的基礎

3 住宅空間的照明計畫

4 燈具配置與光源效果

5 非居住空間的照明計畫

6 光源與燈具

7 文件與參考資料

081

販賣高級品的商店

Point

若想讓顧客看見照明燈具，
就必須安排其位置與視覺效果，使燈具與室內設計融為一體。

▌重視形象的創造

　　販賣名牌商品、貴重金屬、珠寶首飾等的高級精品店，單位面積陳列的商品數量較少，展示空間較寬鬆。這些多出來的空間用來擺放各式各樣的裝飾品、模特兒假人等等，有些商店甚至還會放置能讓顧客休息的沙發。

　　店內的展示品也並非只有商品，多半還有裝飾性的藝術品或照片等。因此，顧客在這類商店中看見的不只是商品，還會從映入眼簾的展示或室內設計等感受到該店的品牌形象。

　　在進行高級品商店的照明計畫時，除了要使商品看起來美觀之外，創造店內形象也很重要。尤其是高級品牌的店面，如果想要設置能讓顧客看見的照明燈具，就必須好好設計燈具放置的位置與呈現出的視覺效果，並且要使照明燈具與室內設計融為一體、具有統一感。

　　此外，若使用的是間接照明，燈具及光源就不能被看見，只能讓人看到燈光呈現出的美麗效果。

▌營造出高級的氣氛

　　販賣高級品的店鋪，以照射商品及展示品的照明為主要考量，不一定需要基礎照明。手法上，可將間接照明及結構性照明當成環境光，再搭配具有畫龍點睛作用的裝飾照明、以及能夠有效地創造出張力的重點照明。

　　此外，內部藏有照明裝置的裝飾品、展示架上的照明等，也能提高店內亮度。這時，讓照明的明暗對比強烈的話，就能營造出戲劇性的氣氛，展現高級感。

　　在展示貴重金屬的玻璃櫃內部設置小型燈具，更能夠強調出商品的美。低電壓鹵素燈泡或LED燈等都是相當方便使用的光源。皮製品或皮草、珍珠等容易受到光源發出的紫外線影響，設計照明時必須特別注意。

◆販賣高級品的店鋪照明

照亮店內壁面，能夠加強將顧客吸引到店內的效果

壁面照明

櫥窗的聚光燈

安裝在天花板上的燈具也必須重視細節，如設置燈槽、配置小型聚光燈等

注意與周圍亮度間的平衡

可動式聚光燈或可調動式燈具可有效地成為重點照明

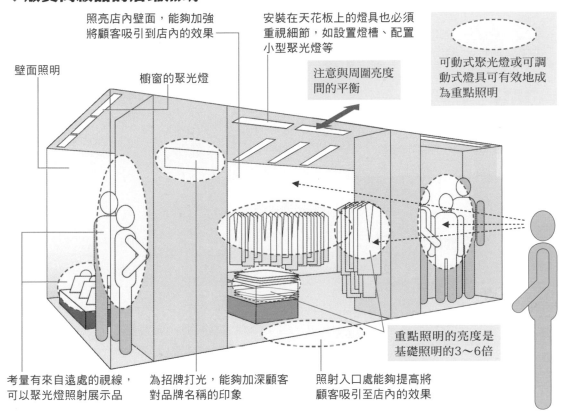

考量有來自遠處的視線，可以聚光燈照射展示品

為招牌打光，能夠加深顧客對品牌名稱的印象

照射入口處能夠提高將顧客吸引至店內的效果

重點照明的亮度是基礎照明的3～6倍

出處：參考《照明手冊第二版》製作

◆天花板照明

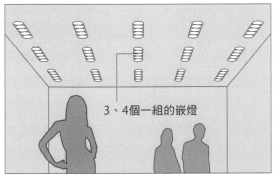

3、4個一組的嵌燈

●高級名牌等商店必須將天花板照明當成室內設計的一部分來思考、計畫

◆展示櫃照明

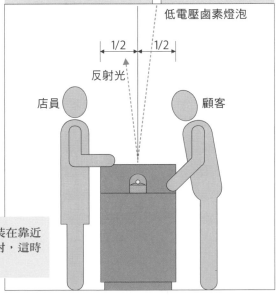

低電壓鹵素燈泡

1/2　　1/2

反射光

店員

顧客

從展示櫃上方照射的照明，必須安裝在靠近顧客側的天花板，以較小的角度照射，這時必須注意反射光所產生的眩光問題

1 在照明計畫開始之前

2 照明計畫的基礎

3 住宅空間的照明計畫

4 燈具配置與光源效果

5 非居住空間的照明計畫

6 光源與燈具

7 文件與參考資料

082

餐飲店的照明計畫

Point

「讓餐點看起來美味」、「讓餐桌旁的人看起來氣色好」、
「營造舒適的空間氣氛」是餐飲店照明計畫的三大重點。

▌與住宅的飯廳原則相同

餐飲店的照明計畫有三大重點：
①讓食物、飲料看起來美味
②讓餐桌旁的人看起來氣色很好
③營造舒適的空間氣氛。

餐飲店的照明基本思考方針與住宅的飯廳相同（▶P82）。不過，餐飲店的種類可分成日本料理、中華料理、法式料理、義式料理等，必須要配合料理的種類來呈現出室內設計的特色。因此，照明也必須花心思營造出與之相符的氣氛。

▌餐桌上的氣氛營造

如果想讓餐桌上的餐點看起來美味，選擇演色性佳的光源是基本原則。其中，以平均演色性指數Ra100的白熾燈最為適合。雖然也能使用節能效果好的燈泡色螢光燈，但這類光源有許多演色性差、無法調光的燈具，很難說是最適合餐飲店的光源。目前採用燈泡色螢光燈的速食店或咖啡店有增加的趨勢，但亮度、色溫、演色性看起來不自然的組合也不少。

此外，近來有許多主題餐飲店的裝潢或餐具等，已不採用各國料理的傳統形式，因此，也不能制式地依照舊有的照明打光方式來呈現。不過，在餐桌上方設置照射餐點的燈光仍是最重要的共通原則。

▌營造店內氣氛

基本上，除了餐桌上方的燈光外，可以自由選擇光源，只要呈現出的氣氛符合店內概念即可。不過，還是要避免在同一個空間中混搭多種色溫的光源。一般來說，店內燈光由3,000K以下低色溫的光源組成的話，能夠使氣氛變得沉穩，容易營造出讓顧客放鬆的印象。有些高級感的餐廳也會以低色溫光源來構成，加上調光裝置後，便可細微地控制照度，營造出非常舒適的氣氛。

◆餐飲店使用的燈具

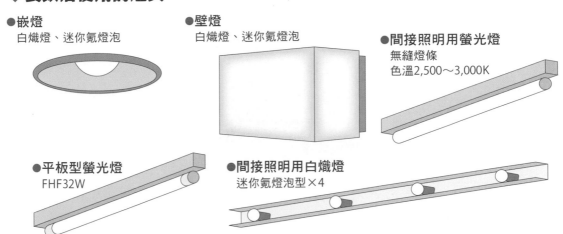

●嵌燈
　白熾燈、迷你氪燈泡

●壁燈
　白熾燈、迷你氪燈泡

●間接照明用螢光燈
　無縫燈條
　色溫2,500～3,000K

●平板型螢光燈
　FHF32W

●間接照明用白熾燈
　迷你氪燈泡型×4

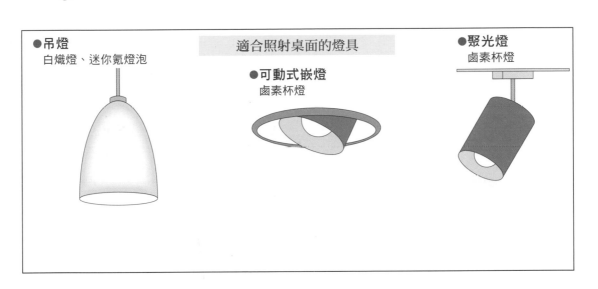

●吊燈
　白熾燈、迷你氪燈泡

適合照射桌面的燈具

●可動式嵌燈
　鹵素杯燈

●聚光燈
　鹵素杯燈

◆店內的氣氛營造

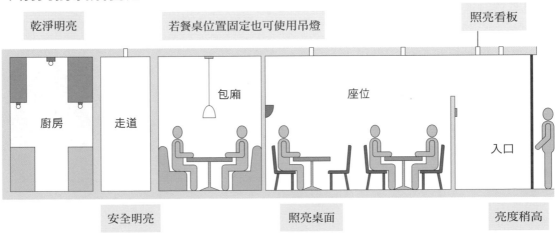

乾淨明亮

若餐桌位置固定也可使用吊燈

照亮看板

包廂

座位

廚房

走道

入口

安全明亮

照亮桌面

亮度稍高

1 在照明計畫開始之前

2 照明計畫的基礎

3 住宅空間的照明計畫

4 燈具配置與光源效果

5 非居住空間的照明計畫

6 光源與燈具

7 文件與參考資料

083

餐廳照明

Point

顧客在餐廳的停留時間長，因此照明除了營造舒適的印象外，
也要呈現出讓顧客看不膩的視覺效果。

重視舒適性

晚上是餐廳營業的重要時段，因此照明計畫必須重視夜晚的燈光。由於顧客在餐廳的停留時間長，因此照明計畫的思考方針除了營造舒適的印象外，也必須讓店內的各個重點部位有所變化，呈現出讓顧客看不膩的視覺效果。

從使用手法來看，若是使用嵌燈等燈具來照射桌面，以配光範圍狹窄的器具較容易表現出空間張力，也較能營造出高級感等特殊印象。不僅如此，照在桌面上的反射光也能柔和地照亮圍繞在餐桌旁的顧客臉部。反之，如果使用配光範圍廣的嵌燈，則容易形成整體明亮的氣氛，給人平價的感覺。

如果在氣氛特殊的用餐環境中想要營造出親密的氣氛，則可以使用吊燈來照亮桌面。此時，必須是位置不會變動的固定式餐桌才行，將吊燈安裝在固定餐桌上方600～800mm處。但若餐桌的位置會經常改變，吊燈的位置會無法一直對準桌面，反而會變得礙事，必須特別注意。

餐廳中不一定要使用全面照明，尤其是氣氛沉穩的店家偏好較低的照度，只靠桌面、壁面、間接照明等的亮度就十分足夠。此外，讓各個照明燈具能夠調光也很重要，白天調得稍亮、夜晚調得稍暗，就能配合時間變化呈現出更自然的氣氛。

開放式廚房的呈現

開放式廚房能讓顧客享受視覺上的樂趣，達到如同劇場一般的效果，因此照明容易被設得比較亮。但如果亮度與店內照明相差過多，也會與店內用餐的氣氛產生矛盾。因此，就算對能夠展現食材魅力的部分、或廚房內的展示、作業台等重點打光，廚房還是與餐廳的整體亮度保持一致比較好。

◆餐廳的照明手法

●基礎照明
使用白熾燈泡或緊密型螢光燈等。
也可以只使用間接照明來規劃

●間接照明
在確保明亮感的同時
也能展現出高級感

●餐桌照明
使用可動式嵌燈，讓燈光
能夠確實地照射桌面

●吊燈
不僅能夠有效地營造出親密的氣氛，窗邊的吊燈也能
吸引外部視線。但必須確認餐桌是否會移動位置

●壁面照明
使用壁燈或聚光燈等來呈現壁面的重點，
但必須花心思讓顧客覺得耐看

◆餐桌照明

●配光範圍小

使用狹角的光束型配光嵌燈或聚光燈照射
桌面，並藉由反射光來照亮人的臉部

●配光範圍廣

使用配光範圍廣的嵌燈照射，整體呈現明
亮、平價的氣氛

◆開放式廚房

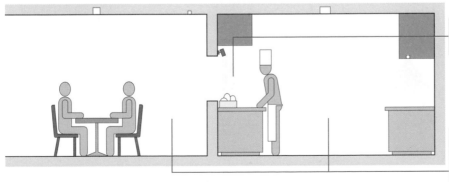

照亮重點部分以達
到強調的效果

規劃時考量店內與
廚房的亮度平衡，
避免兩者相差過多

1 在照明計畫開始之前

2 照明計畫的基礎

3 住宅空間的照明計畫

4 燈具配置與光源效果

5 非居住空間的照明計畫

6 光源與燈具

7 文件與參考資料

084

咖啡店・酒吧的照明

Point

進行咖啡店的照明計畫時要將白天的自然光納入考量；
酒吧的照明比起機能性，更重視「享受空間的氣氛」。

▎咖啡店的照明

咖啡店的照明，基本上要營造出輕鬆、悠閒的空間。營業時間主要從上午到晚上，有些店甚至營業到深夜，而且多半是中間沒有休息的長時間營業。

白天從窗外照射進來的自然光，亮度遠高於人工照明，因此可引進自然光，同時也藉此創造出舒服的空間感。不過，有效利用壁面照明、個性化設計的吊燈等發光元素，也是為白天店內帶來明亮感的重要方法。但如果規劃不當，可能會給人昏暗的印象，讓人望之卻步。

夜間照明方面，可在桌面、重點牆面、展示品、及主要動線上配置燈具。不一定要使用全面照明，靠著照射在桌面、壁面、展示品上的光線所產生的反射光，就能得到充分的亮度。此外，為了讓照明環境能夠因應白天、傍晚、夜晚時的不同情況需求，可加裝調光功能以便取得均衡的亮度。

▎酒吧照明

酒吧的照明主要在吧檯，必須重視吧檯上顧客的視線、以及坐在一般座位的顧客看向吧檯時的視線。而前來酒吧的顧客多半會設定為一～兩人組，因此可利用光影營造出私密的氣氛。

酒吧也是顧客長時間停留的場所，因此照明上必須多花心思讓顧客坐在座位上時，對眼中所見到的景象能印象深刻，且不至於看膩。特別是吧檯後方的架子和展示品，最適合使用間接照明做出視覺的重點。此外，酒吧的照明比起機能性，更重視玩心，因此最好能夠放膽安排戲劇性的燈光，以提高室內效果。

以手法來說，使用間接照明或立燈等效果雖好，但使用配光範圍小的鹵素聚光燈來呈現，更能加強明暗對比，營造出非日常的氣氛。

◆咖啡店照明的配置範例

照亮美術品
的重點照明

即使從窗外照進明亮
的自然光，以吊燈
照亮美術品的重點照
明，營造出店內整體
明亮的印象也很重要

使用間接照明等確實地照亮離窗戶較遠的一側，
同時具有營造空間氣氛的效果

◆酒吧照明的配置範例

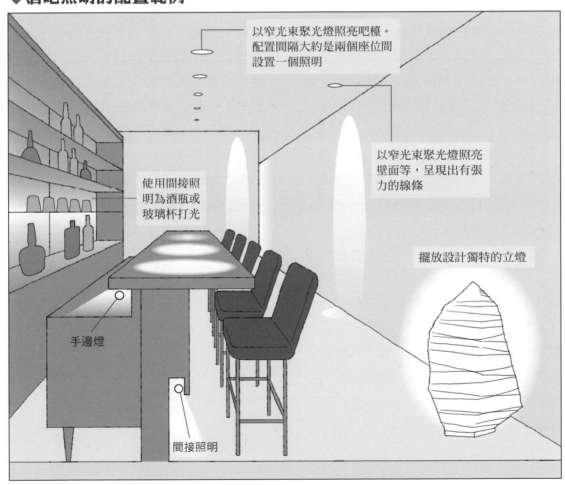

以窄光束聚光燈照亮吧檯。
配置間隔大約是兩個座位間
設置一個照明

以窄光束聚光燈照亮
壁面等，呈現出有張
力的線條

使用間接照
明為酒瓶或
玻璃杯打光

擺放設計獨特的立燈

手邊燈

間接照明

1 在照明計畫開始之前

2 照明計畫的基礎

3 住宅空間的照明計畫

4 燈具配置與光源效果

5 非居住空間的照明計畫

6 光源與燈具

7 文件與參考資料

085

診所的照明

Point

患者前來診所時多半抱著不安的心情，
因此必須用心營造出具有撫慰效果的燈光氣氛。

機能性與撫慰性並重

診所必須要有符合診療患者目的的機能性照明。但另一方面，前來診所的患者多半抱著不安的心情，因此也要用心營造具有撫慰效果的燈光氣氛。

基本上，屋內的照明要避免產生光線分布不均或黑暗的死角，因此可使用配光範圍廣的燈具來照射地板與垂直面。此外，白天有自然光照進來時，使用百葉窗來調整光量，不僅可避免產生不舒服的眩光，也能確保必須的亮度。由於前來的患者很多是高齡者，讓空間足夠明亮對安全來說也很重要。

入口照度最好設在300～500lx左右，以免讓人從戶外進來時突然感覺昏暗。在牆壁上設置壁燈照亮入口，也是不錯的做法。此外，照亮掛號處及候診室的地面與壁面，可以呈現出開放感。如果想讓氣氛稍為沉穩一點的話，可以使用燈泡色的螢光燈。

診療室與病房的照明

在診療室設置以螢光燈為主的基礎照明，能讓整個室內都充滿亮光，同時，考量到患者需要仰躺，選用附有乳白色遮光板的燈具就能抑制惱人的眩光。若是與辦公照明併用的話，與反射式照明等間接照明合用的效果也很好。至於病房中的照明，考量到患者可能需要躺在床上或上半身坐起等姿勢，加上病房中可能會擺放多張病床，因此必須想出具備機能性、並且不會讓患者感受到刺眼亮光的最佳燈光配置。

牙科或精神科

有些牙科及精神科會將設計的重點擺在讓候診室的氣氛更放鬆。這種情況下，可使用類似住宅的舒適燈光來營造安心感。除了燈泡色螢光燈外，併用白熾燈泡及立燈等，在營造出如同在家一般的氣氛時，效果很好。

◆病房的壁燈

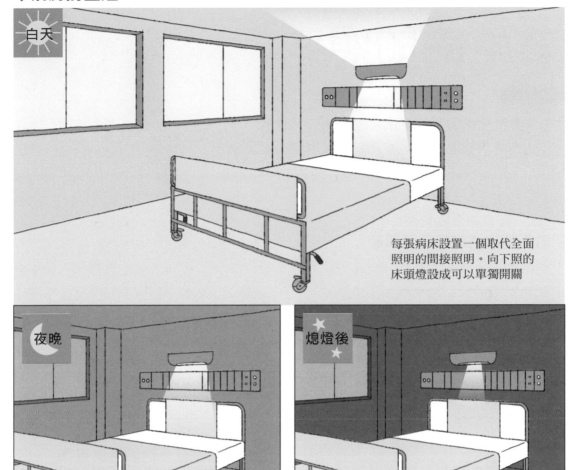

白天

每張病床設置一個取代全面
照明的間接照明。向下照的
床頭燈設成可以單獨開關

夜晚

熄燈後

●避免干擾其他患者，使用光束範圍不會太廣的床頭燈

●提高安全性的常夜燈

◆病房的基礎照明範例

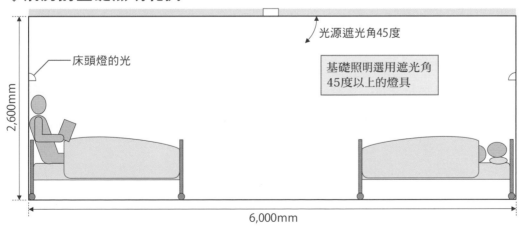

光源遮光角45度

基礎照明選用遮光角
45度以上的燈具

床頭燈的光

2,600mm

6,000mm

1 在照明計畫開始之前

2 照明計畫的基礎

3 住宅空間的照明計畫

4 燈具配置與光源效果

5 非居住空間的照明計畫

6 光源與燈具

7 文件與參考資料

086

美術館的照明

Point

不僅要表現出展示作品的「色彩」、「質感」、「立體感」，
也必須留意光源的紫外線及紅外線對作品的影響。

忠實地表現出色彩及質感

美術館的照明要能忠實地表現出作品的色彩及質感，並且使作品看起來有立體感。此外，也必須避免作品受到光源發出的紫外線或紅外線影響而產生損傷。如果想要忠實地表現色彩及質感，最好使用演色性高的光源。這類光源主要有白熾燈泡、螢光燈、金屬鹵化燈等。

如果能夠確實隔離陽光中的紫外線及紅外線，也能引進自然光，藉此營造出更舒適的欣賞環境。

有彈性地因應展示內容

美術館的展示內容、及展覽物的配置會隨著企畫而改變，因此照明最好也能夠彈性因應。一般來說，多半會安裝聚光燈或壁燈等燈具的燈軌。而且，由於最適合的燈具種類及光源、色溫等的設定必須隨著展示內容而改變，因此最好是選擇能夠搭配各種不同燈具的燈軌系統。此外，照度控制也很重要，因此一定要設置調光裝置。

上述這些使作品完美呈現的照明雖然很重要，但也不能忘記照明設計上必須能讓觀賞者能舒服地欣賞作品。除了不能讓觀賞者本身的影子遮住展示品、光源避免讓觀賞者感到刺眼之外，若展示品隔著玻璃，也可能因為照明的反射而無法看清楚展示櫃內部，這點必須特別注意。

紫外線及紅外線的照度規定

紫外線及紅外線對展示作品的影響，可從JIS等照度基準來確認。例如日本畫特別容易受影響，因此展示時必須降低照度。此外，光纖照明設備雖然規模大、花費高，但幾乎不會放射出紫外線及紅外線，最適合美術館使用。此外，LED也幾乎不會發出紫外線或紅外線，因此可以考慮採用可調光、Ra90以上的高演色性LED燈具。

◆展示物與照明的位置

●直接展示作品

| 優良範例 | 錯誤範例 |

即使靠近作品以便
看得更清楚，燈光
也能完全照到作品 ○

為了看清楚而靠
近作品，結果被
自己的影子擋住 ×

●作品隔著玻璃

| 錯誤範例 | 錯誤範例 |

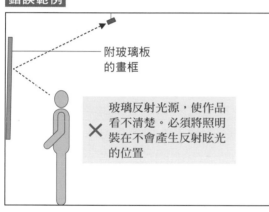

附玻璃板
的畫框

玻璃反射光源，使作品
看不清楚。必須將照明
裝在不會產生反射眩光
的位置 ×

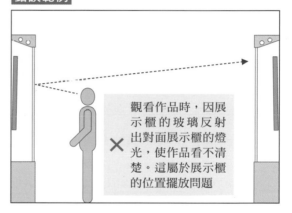

觀看作品時，因展
示櫃的玻璃反射
出對面展示櫃的燈
光，使作品看不清
楚。這屬於展示櫃
的位置擺放問題 ×

◆不同展示作品的JIS照度基準

	作品受照明影響的程度		
	非常容易受影響	容易受影響	不容易受影響
繪畫	水彩、素描、膠彩畫	油畫、蛋彩畫	―
布	織品	―	―
紙	印刷、壁紙、郵票	―	―
皮革	染織皮革	天然皮革	―
木	―	木製品、漆器	―
其他	―	角（動物）、象牙	石、寶石、金屬、玻璃、陶瓷器
照度〔lx〕	150～300	300～750	750～1,000

◆光纖照明

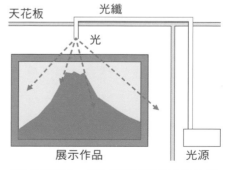

天花板　光纖　光　展示作品　光源

●照射作品時，因為能夠不用在意紫外線
及紅外線的影響，而且也容易改變照射
方向，在因應作品配置的更動上很方便

1 在照明計畫開始之前
2 照明計畫的基礎
3 住宅空間的照明計畫
4 燈具配置與光源效果
5 非居住空間的照明計畫
6 光源與燈具
7 文件與參考資料

087

工廠的照明

考量「適當的照度」、「高度均勻的照度分布」、「減少令人不適的眩光」
以及「節能性」等，來規劃工廠的照明。

與辦公室或事務所相同

工廠的照明追求的是能夠確保安全性、提供舒適的作業環境、提高生產力等。提高照度不僅能夠減少作業中的意外，也能減輕疲勞。營造工廠照明環境的方式，基本上可以想成與辦公室的事務空間（▶p162）相同。必須注意的重點包括照度是否適當、照度分布是否均勻、是否減少令人不適的眩光、色溫與演色性、節能、與自然光的平衡等等。JIS制定了照度基準，可做為參考。

高效率螢光燈與HID燈

工廠多半是如同體育館一般的廣大空間。因此，必須安裝許多高輝度、大瓦數的照明才能得到充足的亮度。如此一來，耗電量自然會增加，電費也相對高。

工廠適用的光源多半是高效率螢光燈或400W以上的HID光源，雖然這類燈具的光源壽命較長，但大多安裝在六

公尺以上的高處，更換光源等維修相當費工。不僅如此，HID燈本身價格也高，因此運作費用也相對提高。

LED的可能性

HID燈及螢光燈是工廠主要使用的光源，兩者的發光效率均在80～110 lm／W左右。另一方面，最新型的LED燈現階段的發光效率最高可達80～100 lm／W左右，與HID燈或螢光燈相比毫不遜色。

由於LED燈的光源壽命是HID燈四倍左右，如果再加上光源更換的花費與工程、以及光源本身的價格考量，就能讓工廠大幅降低運作費用。而且，現在的LED燈的照度已經提升、價格也變得更便宜，因此將工廠照明換成LED燈的動作也逐漸加快中。

◆工廠適合的照明與照度

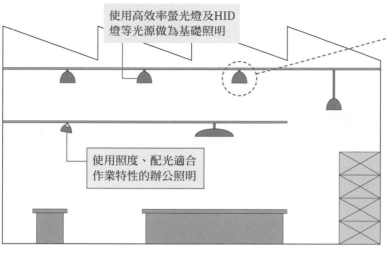

使用高效率螢光燈及HID燈等光源做為基礎照明

使用照度、配光適合作業特性的辦公照明

●HID燈
燈具壽命長，多半安裝在天花板高6m以上的場所

●工場照明的照度基準

包裝及出貨等作業
150～300lx

一般製造工程等的普通用眼作業
300～750lx

纖維工廠、化學工廠等精細的用眼作業
750～1,500lx

製造精密機械、電子零件以及印刷工廠等非常精細的用眼作業
1,500～3,000lx

出處：JIS Z9110-1979（選粹）

◆照明的節能化

以均勻的亮度照射空間整體	配合作業內容改變照明		
	●基礎照明 	●基礎照明＋辦公照明	●基礎照明＋辦公照明
500lx 500lx 500lx	250lx	500lx	1,000lx
●使用於一般倉庫或材料放置處	●使用於一般倉庫或材料放置處	●使用於較寬廣的作業空間，如生產線組裝	●狹窄但需要高照度的作業空間，如檢查產品

出處：Panasonic電工的產品目錄

◆光源的種類及特徵

	種類	大小〔W〕	優缺點	適合的工廠、場所
螢光燈	一般型白光	6～110	高光效、低輝度	一般的工廠（低、中天花板）
	三波長發光型	10～110	效率更高、演色性更好	重視環境的工廠（低、中天花板）
	防止退色用	20～40	不容易退色	處理染料、塗料、墨水等的場所
	色彩評價用		演色性特別好	印刷、染色、塗料工廠
	Hf（高頻整流器專用）	32（45）50（65）	螢光燈中效率最高、演色性最好	工廠全面照明（低天花板）
HID燈 水銀燈	螢光水銀燈	40～2,000	有壽命長、光通量大的產品	一般的工廠（中、高天花板）
	反射型	100～1,000	不容易產生因髒汙而降低亮度的情形	戶外投光用、容易產生髒汙的場所
	安定器內藏型	500	不需要安定器／發光效率低	主要用在臨時狀況
金屬鹵化燈	高效率型	100～2,000	有高效率、光通量大的產品	工廠全面照明（中、高天花板）
	高演色性	70～400	演色性高、高效率／壽命稍低	重視環境的工廠（中天花板）
高壓鈉燈	高效率型	180～1,000	效率最高、壽命長／演色性差	不需重視演色性的工廠
	演色性改良型	165～960	高效率、長壽命	一般工廠（中、高天花板）
	高演色型	70～400	演色性佳／壽命稍短	重視環境的工廠（代替燈泡）
燈泡	一般照明用	10～200	安裝方便、價格便宜／壽命短、低效率	局部照明、緊急用、臨時用
	反射型	40～500	安裝方便／壽命短、低光效	局部照明、臨時用
	鹵素燈泡	35～1,500	小型、容易控制配光／短壽命、低效率	局部照明、緊急用

出處：參考《照明基礎講座教科書》（（社）照明學會）製作

1 在照明計畫開始之前
2 照明計畫的基礎
3 住宅空間的照明計畫
4 燈具配置與光源效果
5 非居住空間的照明計畫
6 光源與燈具
7 文件與參考資料

088

集合住宅的入口

Point

入口不能有黑暗的死角，避免給人不安的印象；
如果能在外觀以燈光營造氣氛，更能提升建築物的高級感。

入口的照明

集合住宅的入口屬於居民共同使用的公共空間，每天在外出及回家時都會經過。由於出入的人數多且不固定，因此必須強調安心感與清潔感。在進行照明計畫時，消除黑暗的死角、避免給人不安的印象，都是要留意的重點。。

此外，近來集合住宅入口的地位就類似於門面，用來表現出高級感，因此，愈來愈多的集合住宅開始會在入口採用間接照明、水晶燈、以及照亮藝術品的燈光等，精心設計照明的方式。

在入口採用全面照明與重點照明併用的手法，很容易就能創造出沒有黑暗死角、具備安心感的空間。此外，規劃時讓牆壁、地面、天花板分別配置燈光，就能提升高級感。如果入口大廳的天花板挑高，可以大膽地在天花板或壁面設置間接照明，使氣氛變得更開放、華麗。相反地，若是天花板低，可將照明重點放在壁面，強調空間深度。

外觀的照明

以適度的照明來呈現外觀，可提升建築物質感與等級，營造出良好的氣氛。外觀適合打光的地方除了集合住宅的名稱看板、植栽、玄關、雕刻、水池等之外，入口附近的壁面或屋簷等也都很適合。但還是得廣泛地評估這些重要部位的照明手法怎麼做才有好效果。

規劃時，得特別留意照明的呈現不能影響到屋內住戶。舉例來說，在有陽台的壁面打光，照到屋簷的光線可能會反射到住戶的室內空間，而引來住戶抱怨。此外，也必須留意附近的建築物，避免燈光不小心散布到周圍空間，帶給其他住戶及路人不快。

◆集合住宅入口附近的照明

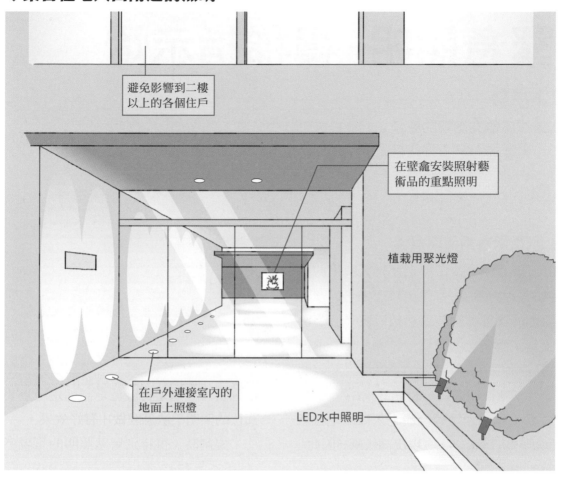

避免影響到二樓以上的各個住戶

在壁龕安裝照射藝術品的重點照明

植栽用聚光燈

在戶外連接室內的地面上照燈

LED水中照明

◆外觀照明的注意事項

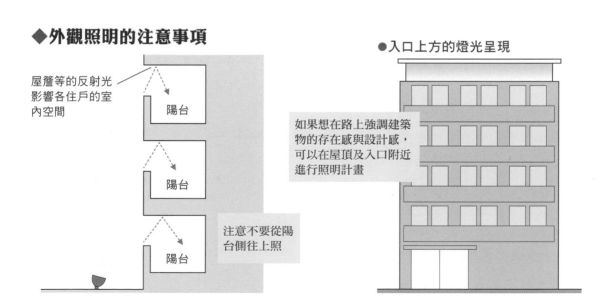

屋簷等的反射光影響各住戶的室內空間

陽台

陽台

陽台

注意不要從陽台側往上照

●入口上方的燈光呈現

如果想在路上強調建築物的存在感與設計感,可以在屋頂及入口附近進行照明計畫

1 在照明計畫開始之前

2 照明計畫的基礎

3 住宅空間的照明計畫

4 燈具配置與光源效果

5 非居住空間的照明計畫

6 光源與燈具

7 文件與參考資料

089

緊急照明・樓梯指示燈

Point

停電時的亮燈時間應以
「緊急照明三十分鐘以上」、「指示燈二十分鐘以上」為基本原則。

設置緊急用照明燈具

集合住宅或不特定多數人使用的建物的公共走廊，不僅要有能讓居民安心通過的亮度，同時也必須設置緊急照明燈具。而所使用的燈具產品，也必須達到建築基準法所制定的標準。直接照明照射到地面的亮度必須達到1lx（螢光燈為2lx）以上，且緊急照明裝置的電路配線與其他照明必須屬於不同系統。此外，也必須有預備電源，使停電時的亮燈時間能夠達三十分鐘以上[1]。

燈具種類

緊急照明燈具的種類包括兼用型與專用型，前者可做為通路燈在平時點亮；後者則只在緊急時使用。這兩種燈具內部都有內建蓄電池等緊急電源，停電時會自動亮燈，照亮避難路線，確保避難時的安全。

燈具的種類有光源裸露式平板型螢光燈、埋入式螢光燈、嵌燈型、迷你氪燈泡嵌燈型、防潮型、防雨型、壁燈型等等。另一方面，專用型則有使用緊急照明專用鹵素燈泡的燈具。

樓梯指示燈

集合住宅的逃生樓梯和公共走廊一樣，必須遵循消防法，設置停電時能夠亮燈二十分鐘以上的樓梯指示燈。樓梯指示燈同樣也有平時能點亮的兼用型、與只有緊急時才點亮的專用型。此外，有些燈具考慮到節能而附設感測器，能夠透過對人體的感應來調光或亮燈。如果逃生樓梯設在戶外，可以乾脆就讓指示燈的排列成為建築物的夜間景觀。因此，經濟性雖然重要，在思考燈具或光源的種類、數量、排列時，也希望能夠將其當成景觀的一部分來考量。

此外，最近也研發出具備蓄光機能的高硬度石英成形板製成的指示板，來做為節能對策，成為目前照明的目光焦點。

譯注：1 台灣可參考「各類場所消防安全設備設置標準」第三章第三節緊急照明設備，亮燈時間規定與日本相同

◆緊急照明燈具的種類

●白熾燈（鹵素燈）專用型

平　時：不亮燈
緊急時：緊急用燈泡（內建蓄電池）
●使用鎳氫電池
●內建自動充電裝置
●附設檢查是否故障的開關

●白熾燈兼用型

平　時：白熾燈
緊急時：緊急照明用燈泡（內建蓄電池）
●使用鎳鎘電池
●內建自動充電裝置
●附設檢查是否故障的開關

●螢光燈兼用型

平　時：螢光燈
緊急時：螢光燈（內建蓄電池）
●使用鎳氫電池
●內建自動充電裝置
●附設檢查是否故障的開關
●附設充電螢幕

◆附感測器的樓梯指示燈

●調光型

●有人時100%亮燈

●無人時亮度調整至30%

透過感測器來控制調光或亮燈的燈具，能夠減少耗電量，幫助節能，也具有減少二氧化碳排放的效果

●亮燈型

●有人時100%亮燈

●無人時熄滅

1 在照明計畫開始之前

2 照明計畫的基礎

3 住宅空間的照明計畫

4 燈具配置與光源效果

5 非居住空間的照明計畫

6 光源與燈具

7 文件與參考資料

▌施工實例 ||||||||||||||||||||||||||||||||||||||||||||||||||||||||||||||

◆辦公・環境照明

一般設置在天花板上的全面照明，就足以提供桌面或地板作業所需的亮度，但是有些時候整體空間看起來還是有點暗，讓人覺得不夠舒適（照片1）。這時如果使用辦公・環境照明，就能提高天花板面在視覺上的明亮感，即使整體照度（平均照度）不夠充足，還是能夠成為舒適的環境（照片2）。在桌面上必要的部分再個別添加適合的辦公照明，就能夠達到整體省能源的目的

◆診所候診室的照明

候診室的照明以「創造出如同在起居室一般放鬆、舒適的候診氣氛」的概念來施行照明計畫。利用遮光式照明與立燈來照亮壁面，強調寬廣的感覺，並且利用嵌燈自然地指示座位，同時確保整體亮度

◆醫院病房的照明

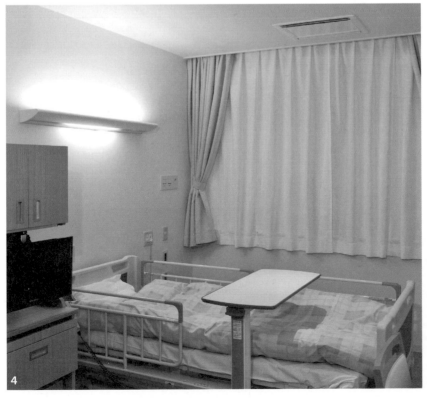

考量到病人躺著或是上半身坐起時姿勢的舒適度，以及對其他同房病友的影響，利用朝向天花板方向照射的間接照明、照亮近處的局部照明、將配光控制在小範圍的天花板照明等，可創造出兼具功能與舒適的照明環境

照片　〈1、2〉提供：山田照明　〈3〉提供：作者　〈4〉實例：調布東山醫院　提供：山田照明

1 在照明計畫開始之前
2 照明計畫的基礎
3 住宅空間的照明計畫
4 燈具配置與光源效果
5 非居住空間的照明計畫
6 光源與燈具
7 文件與參考資料

▌施工實例 ||||||||||||||||||||||||||||||||||||||||||||||||||||||||

◆日本料理店的照明

以嵌燈照亮桌面，並且利用以走道為主的全面照明與壁面的遮光式照明、與壁燈來照亮整個空間。燈光著重在照射壁面與天花板面的裝潢材料

◆酒吧的照明

酒吧屬於非日常性的空間，因此必須營造出具有戲劇性、卻又沉穩的氛圍。吧檯內的酒櫃是展示的重點，需要以華麗的照明來營造出氣氛，至於桌面則以充分的燈光自然地照射即可

沙發座位即使很暗也無所謂，不過牆面上的藝術品是展示的重點，因此必須以聚光燈或美術燈照射。這裡的檯燈也是相當重要的存在

◆宴會會場的照明

宴會會場需要應付各種不同的情境，因此要讓所有的照明都能進行調光控制。也必須配合房間分隔板來區分照明電路，讓氣氛能夠改變。反射式照明能夠強調空間的高度與深度，營造華麗的氛圍

照片 〈5～9〉實例・提供：熊本新大谷飯店

1 在照明計畫開始之前

2 照明計畫的基礎

3 住宅空間的照明計畫

4 燈具配置與光源效果

5 非居住空間的照明計畫

6 光源與燈具

7 文件與參考資料

COLUMN >> 以太陽光為光源的零能源照明

◆安裝示意圖

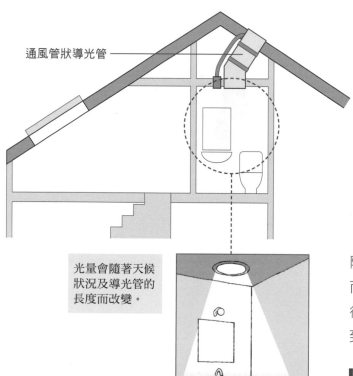

通風管狀導光管

光量會隨著天候狀況及導光管的長度而改變。

出處：參考日本VELUX的網站內容製作

▌利用導光管的反射來集光

近年來，在使用光源上出現了一種利用通風管狀的導光管，將自然光引進室內的系統。雖然要將這種系統想成是天窗的應用也是可以，不過運作原理卻是透過導光管來反射從屋頂窗孔引進的自然光，再將光線送入室內。為了讓導光管能夠有效率地反射光線，不僅在內側蒸鍍鋁薄膜或是施以鏡面加工，還要設計成能盡量減少反射次數的形狀，以抑制光的衰減。

雖然進入室內的光量，會隨著天候狀況及導光管的長度而改變，但是在晴朗夏天所測得的光量（光通量），卻可達到一般白熾燈泡的五倍。

▌讓陽光也能進入密閉的空間

透過這樣的裝置，可以讓沒有對外窗、原本必須仰賴照明的密閉空間，如儲藏室、衣帽間等，也能引進柔和的太陽光。這類裝置大部分都有搭配專用的輔助電燈照明，即使是無法引進太陽光的夜晚，也能當成一般照明使用。

太陽光的光源可說是最佳的零能源照明！

090

白熾燈泡

Point

白熾燈泡不僅價格便宜、體積小、重量輕,配線方法也很單純,
因此方便進行燈具設計,也能連續調光。

▍白熾燈泡的發光原理與種類

白熾燈泡的使用歷史久遠,是我們十分熟悉的光源。白熾燈泡也被稱為普通燈泡、一般燈泡、矽玻璃燈泡等,但是正確名稱應該是「鎢絲燈泡」。最常見的白熾燈泡是直徑六十六公厘左右的白光燈泡,主要由玻璃泡、燈絲、燈帽構成,在燈泡中屬於最單純的構造。發光原理是在燈泡內的鎢絲上通電,使其溫度升高至白熱化而發光。為避免燈絲在大氣中燃燒,因此在燈泡內會封入混合氬氣與氮氣來延長其壽命。

球狀玻璃稱為「玻璃泡」,這個部分若採用透明玻璃則稱為透明燈泡。玻璃泡有各種形狀,除了球形、扁平形之外,還有玻璃泡本身尺寸很小的迷你氪燈泡等等。

燈泡連接燈座的部分稱為燈帽,一般燈帽採用旋入式,直徑二十六公厘,因此稱為E26。至於迷你氪燈泡的直徑為十七公厘,稱為E17。除了旋入式之外,燈帽的形狀還有插入式等多種種類。

▍有效營造空間氣氛

現在,白熾燈泡廣泛地使用於住宅及店鋪等空間中。不僅價格便宜、體積小、重量輕,配線方法也很單純,方便進行燈具設計;也因為能夠連續調光(0～100%),所以也能有效地營造出空間氣氛。此外,演色性也很好,適合用在餐廳等想讓料理或食材看起來可口的場合。

白熾燈泡的缺點是發光效率低。此外,熱輻射也高,會提高空調的負擔。加上壽命短,需要頻繁更換,從節能及節省經費的觀點來看,表現較為遜色。

不過,日本已預定在二〇一二年底停止生產最常見的E26基本白熾燈泡[1]。

譯注:1 台灣的E26基本白熾燈炮也在二〇一二年停產。

◆白熾燈泡的構造（E26）

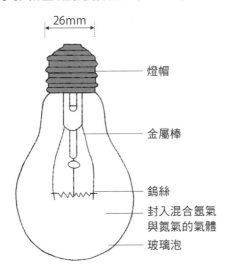

26mm

- 燈帽
- 金屬棒
- 鎢絲
- 封入混合氬氣與氮氣的氣體
- 玻璃泡

我們身邊最常見的白熾燈泡

◆白熾燈泡的特徵

- ○ 演色性佳，光色溫暖
- ○ 接近點光源，燈光容易集中
- ○ 能夠連續調光
- ○ 點燈容易，立刻就能點亮
- ○ 達到壽命前的光衰量少
- ✕ 發光效率低、壽命短
- ✕ 熱輻射高

◆白熾燈泡的種類及特徵

		特徵	主要用途
一般照明用	一般照明用燈泡	玻璃泡分成白色塗裝型與透明型。有的玻璃泡也會加上一層藍色塗裝，使之變成畫光型燈泡	住宅或店鋪等的一般照明
一般照明用	球型燈泡	玻璃泡分成球型、擴散型及透明型	營造住宅或店鋪等的氣氛的照明
裝飾用	水晶燈用燈泡	小型燈泡，玻璃泡分成透明型及擴散型，並且有E17、E26兩種燈帽	使用於餐飲店等的水晶燈
反射型	反射燈	玻璃球除了頭部之外都是鋁製反射鏡，以便照向後方的燈光反射擴散	店鋪、工廠、看板等的投光照明
反射型	PAR燈（光束燈泡）	具有優異的聚光性，並且也有隔絕熱輻射的密封式光束燈泡	住宅、店鋪、工廠、看板照明等聚光照明
鹵素燈泡	小型鹵素燈泡	體積小、重量輕，容易控制光量。玻璃泡採用透明的石英或硬質玻璃，燈帽有E11及雙接腳型	商店門口的聚光照明或大廳的嵌燈
鹵素燈泡	鹵素杯燈（附燈杯小型鹵素燈泡）	體積小、重量輕、聚光性優異。玻璃泡採用石英製作。燈帽則有附燈杯雙接腳型、E11、EZ10	商店門口的聚光照明或嵌燈
鹵素燈泡	投光用鹵素燈泡	細長石英外管，雙燈帽（R7小）	戶外比賽場地、體育館、高天花板工廠等的天花板照明

注意點 日本最普遍的E26基礎白熾燈泡，為了促進社會整體的節能，預定於2012年停止生產

1 在照明計畫開始之前
2 照明計畫的基礎
3 住宅空間的照明計畫
4 燈具配置與光源效果
5 非居住空間的照明計畫
6 光源與燈具
7 文件與參考資料

091
鹵素燈泡

Point

鹵素燈泡的壽命比一般白熾燈泡更長，體積也更小。
而且鹵素杯燈也擁有優異的配光性能。

鹵素燈泡的發光原理與特徵

鹵素燈泡廣義來說也屬於白熾燈泡的一種。與一般白熾燈泡不同之處在於，雖然也使用鎢絲發光，但在玻璃泡內封入的是鹵素氣體。

白熾燈泡的燈絲發出亮光後，鎢元素就會蒸發，附著在玻璃泡內部而使其變黑。但鹵素燈泡有讓鎢還原成燈絲的機制（鹵素循環），因此玻璃泡就不會變黑。此外，這種機制也能使燈絲不至於變細而可延長使用壽命。一般來說，白熾燈泡的壽命為一千～一千五百小時，相較之下，鹵素燈泡的壽命約可達三千小時。此外，燈泡體積小、溫度容易升高也是鹵素燈泡的特徵，使用上必須特別注意。

鹵素杯燈

是鹵素燈的一種，因體積小、配光性能優異，而被當做投光用照明（聚光燈或嵌燈），在光源上附有燈杯，所以通稱鹵素杯燈。

鹵素杯燈的形狀是直徑五十公厘左右的杯型，玻璃製反射板（燈杯）與鹵素燈泡合為一體。燈杯上蒸鍍稱為「分光濾鏡」的多層反射膜，主要反射鹵素燈泡發出的可見光，並且使80％的紅外線通過。藉由此機制，高溫的鹵素杯燈所產生的熱輻射幾乎都從背後發散，反射的可見光則從前方發出。這麼一來，就可減少照射對象因熱輻射而變形、變質的疑慮。

鹵素燈杯的燈光擴散角度主要有三種（依製造商而異），適合的用途也有所不同：配光角度十度的狹角燈杯，適用於聚光照明；三十度的廣角燈杯杯，適用於全面照明；二十度的中角配光燈杯則適用介於兩者之間的照明。鹵素杯燈目前已廣泛地運用在販賣店及餐飲店等的照明上。

◆鹵素循環的原理

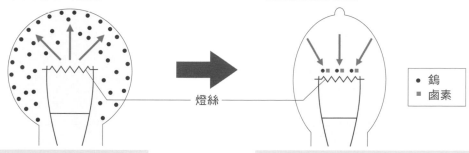

●一般白熾燈的情況

●鹵素燈泡的情況

燈絲

● 鎢
■ 鹵素

燈絲發光後，鎢元素蒸發，附著在玻璃泡內壁，使其變黑，降低亮度

蒸發的鎢元素透過與鹵素的作用還原回燈絲。藉由這樣的機制，玻璃泡內壁就不會變黑，可維持亮度。此外，燈絲也不會愈來愈細，可延長使用壽命

◆鹵素杯燈

●構造

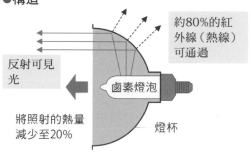

約80%的紅外線（熱線）可通過

反射可見光

鹵素燈泡

將照射的熱量減少至20%

燈杯

●種類

尺寸〔mm〕	35 φ	50 φ	70 φ
瓦數〔W〕	20～35	35～75	65～150
電壓〔V〕	110 12	110 12	110
燈帽	E11 GZ4	E11 E17 EZ10 Gu5.3	E11

有多種尺寸及瓦數可供選擇，直徑35mm的燈具本身體積非常小且不顯眼

●光束角

100V　40W（直徑50mm）的鹵素杯燈

10度		0.5 φ 430lx
	窄配光（狹角）	
20度		1.1 φ 200lx
	中配光（中角）	
30度		1.6 φ 90lx
0m	廣配光（廣角）	3 m

10度的窄配光燈具聚光效果高；30度廣配光燈具可用於全面照明，至於20度中配光則介於兩者之間

12V 50W 鹵素杯燈

10度	0.5 φ 1,610lx
20度	1.1 φ 535lx
30度	1.6 φ 245lx
0m	3 m

12V鹵素燈泡亮度較高，明暗對比也較明顯，若用來照射貴金屬或玻璃製品，在表現閃爍感及反射亮光時效果更好

1 在照明計畫開始之前

2 照明計畫的基礎

3 住宅空間的照明計畫

4 燈具配置與光源效果

5 非居住空間的照明計畫

6 光源與燈具

7 文件與參考資料

092

螢光燈

Point

螢光燈不僅發光效率高，
從種類及價格等綜合性能來看，也是最優秀的燈具。

螢光燈的發光原理與特徵

螢光燈是由內側塗有螢光粉的玻璃管，與安裝在玻璃管兩端的鎢電極所組成。電極上塗覆稱為「發射體」的電子發射物質；玻璃管內則裝有鈍氣及少量水銀。

電源開啟後，會先從發射體射出電子，並衝擊水銀原子，使水銀電子產生紫外線。紫外線碰到螢光粉後會轉換成可見光，並從玻璃管表面散發出來。

螢光燈的優點包括：

①燈具的發光效率高

②壽命長（六千～一萬兩千小時）

③價格較低

④輝度低，較不刺眼

⑤光源的表面溫度低

⑥可選擇色溫度

⑦部分產品可連續調光。

缺點則包括了：

①需要安定器

②光源稍大，不適合做細緻的配光控制

③會受到環境溫度的影響等。

尤其是在溫度的影響方面，低溫時可能會產生發光狀態不安定的情況，因此在戶外或寒冷的地方使用時，需要考慮光源的保溫特性來選擇燈具產品。此外，演色性雖然低於白熾燈泡，但是也有Ra84以上的高演色型螢光燈。

除了螢光燈之外，還有目前節能效率最好的LED燈，但是從種類及價格等綜合性能來看，還是螢光燈最佳。

螢光燈的種類

螢光燈有許多種形狀及大小。辦公室等最常使用的是直管形，燈管的直徑有愈來愈細的傾向。舉例來說，目前最常見的是直徑二十五公厘，稱為T8的燈管，但是直徑十六公厘的T5燈管也開始增加，甚至還有比T5更細的產品。這是因為直徑較細的燈管，能夠節約資源及空間，未來應該也會更加普及。

此外，也有用來代替白熾燈泡的螢光燈泡。其節能效果大約是白熾燈泡的四倍，而且最近也推出了可調光型的產品。

◆螢光燈的構造

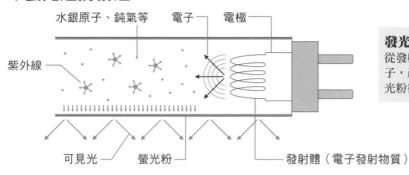

水銀原子、鈍氣等　電子　電極

紫外線

可見光　螢光粉　發射體（電子發射物質）

發光
從發射體射出的電子衝撞水銀原子，產生紫外線。紫外線碰到螢光粉後轉變為可見光散發出來

◆螢光燈的形狀

●直管形　●環形　●緊密型　　　　　　　　　●燈泡型　　●燈泡燈帽型

U型　雙U型　FML型

◆螢光燈的種類及用途

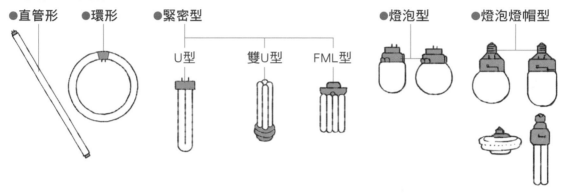

		額定功率 [W]	發光效率 [lm／W]	色溫 [K]	平均演色性指數 [Ra]	壽命 [小時]	瓦數 [W]	特徵	用途
標準型燈泡	日光燈	38	71	6,500	77	12,000	4～40	在亮度及價格方面表現優秀、演色性稍差、光色種類多	適用於事務所、工廠、住宅的一般照明 日光　給人涼爽的印象 晝白光 白光　給人中庸的印象 暖白光 燈泡光　給人溫暖的印象
	晝白光	38	78	5,000	74	12,000	10～40		
	白光	38	82	4,200	64	12,000	4～40		
	暖白光	38	79	3,500	59	12,000	20～40		
	燈泡光	38	75	3,000	65	12,000	20～40		
三波長螢光燈（暖白光）		38	88	5,000	84	12,000	10～40	亮度及演色性表現優秀，被照物能夠呈現出鮮明的色彩	適用於追求舒適氣氛的住宅、事務所、店舖等空間
環形（暖白光）		28	79	5,000	84	5,000	20～40	適用於圓形、方形的燈具中	適用於住宅、工廠等的一般照明
快速啟動直管形（白光）		36	83	4,200	64	12,000	20～220	在亮度及價格表現優秀，能夠快速點亮及調光	適用於事務所、工廠等的一般照明
燈泡型	晝白光	17	45	5,000	83	6,000	13～17	可用來替換白熾燈，燈具裝上螢光燈泡後可以直接點亮，而且發光效率是白熾燈的三倍，也有可以瞬間點亮的產品	適用於店舖、住宅、旅館、餐廳等的一般照明
	燈泡光	17	45	2,800	82	6,000	13～21		
緊密型（U形、安定器分離、晝白色）		27	57	5,000	83	6,000	18～38	小型、片狀燈帽（GX10g、G10g）、三波長發光型（燈泡色、晝白色）	適用於住宅、店舖的一般照明（小瓦數可用於街燈、夜燈等）

1 在照明計畫開始之前

2 照明計畫的基礎

3 住宅空間的照明計畫

4 燈具配置與光源效果

5 非居住空間的照明計畫

6 光源與燈具

7 文件與參考資料

093

HID燈

Point

HID燈的體積小、輝度高，
常使用於照射街路的戶外用照明、運動設施及工廠等寬廣空間的照明。

HID燈的種類及特徵

HID（High Intensity Discharge）光源也被稱為燈也稱為高強度氣體放電燈，是高壓水銀燈、金屬鹵化燈、高壓鈉燈等的總稱。由玻璃外管、做為發光管的內管以及燈帽構成，在石英或陶瓷製成的真空狀態下，在內管中填入氣體，並施加高電壓使其放電，藉此發光。

HID燈的優點是瓦數雖高，但體積小，而且能得到高輝度。此外，光的方向容易調節也是優點之一。但缺點是有些燈具的設計在發光時會令人感到刺眼、開燈後要達到穩定亮度的時間較長、關燈後再開燈需要花較長時間等。以用途來說，較常使用於照射街路的戶外用照明、運動設施、工廠等寬廣空間的照明。

各種光源的特徵

●高壓水銀燈
①光色安定、壽命長
②有多種瓦數
③演色性不足
④可階段式調光

●金屬鹵化燈（又稱複金屬燈）
①有些產品具有高演色性，發光效率及演色性均佳
②光色種類多（色溫從3,000K～6,500K）
③壽命長（但較其他HID燈短）
④可調光

●高壓鈉燈
①發光效率非常好
②壽命長
③光色為橙色，演色性從高到低都有
④可階段性調光

陶瓷金屬鹵化燈

金屬鹵化燈中，使用陶瓷材質為發光管的產品稱為陶瓷金屬鹵化燈。即使是70W、35W、20W等低瓦數，也能製成與鹵素杯燈差不多大小的燈具。由於體積小、方便使用且輝度高，經常使用於店鋪照明等。

◆HID燈的種類與性能

光源形狀	高壓水銀燈	金屬鹵化燈		高壓鈉燈 （高演色型）
		一般金屬鹵化燈	陶瓷金屬鹵化燈	
光源形狀		HQI-TS	CDM-T	
主要瓦數〔W〕	40、80、100、250、400、1,000	70、150、250	35、70、150	140、250、400
代表性光源的光通量〔lm〕	100W	70W	70W	140W
	4,200	5,500	6,600	7,000
發光效率〔lm／W〕	42	78	94	50
光源壽命〔小時〕	12,000	6,000	12,000	9,000
演色性〔Ra〕	14～40	80～93	81～96	85
色溫〔K〕	3,900 5,800	3,000 4,200 5,200	3,000 4,200	2,500
調光	階段性	不可	不可	階段性
花費	3,000～1萬5,000日圓	8,000～1萬2,000日圓	1萬日圓左右	2萬～3萬日圓
其他	●演色性差 ●壽命長	●高演色	●高演色性 ●發光效率高 ●壽命長	●能營造溫暖的氣氛 ●高演色性

◆與其他光源的比較

種類	HID燈	白熾燈泡（鹵素燈泡）	螢光燈
發光效率	高	低	高
壽命	長	短	長
光色、演色性	因光源種類而異	約3,000K，演色性非常好	備齊各種色溫、演色性的產品
輝度	高	高	低
配光控制	容易	較為容易 （鹵素燈泡則非常容易）	較難

1 在照明計畫開始之前
2 照明計畫的基礎
3 住宅空間的照明計畫
4 燈具配置與光源效果
5 非居住空間的照明計畫
6 光源與燈具
7 文件與參考資料

094

LED（發光二極體）

Point

LED具有壽命長且體積小、能夠調光、用於彩色照明的性能優異等優點。

▌LED與環境

現今在環保意識高漲之下，LED（Light Emitting Diode）以節能照明的優勢而受到矚目。LED是一種電流通過時會發光的半導體，施加電壓後，正負電結合時產生的能量會直接轉變成光，因此發光效率佳。以前主要使用於家電指示燈或電光顯示板等，但在開發出藍光LED後，也開始朝向多色化發展，也能使用於需要多色表現的高輝度照明。

近來LED照明輝度更高，色溫、演色性及晶片的良率也獲得改善，發展成取代螢光燈的節能光源可說指日可待。而且，螢光燈的廢材會產生水銀等有毒物質，LED燈則完全沒有這方面的疑慮。

▌LED燈的最大優點

壽命長且體積小、光線中幾乎不含輻射熱及紫外線等成分、可調光、用於彩色照明的性能優異等，這些都是LED強大的優點。

在壽命方面，LED燈的壽命是四萬小時，與壽命為六千～一萬兩千小時的螢光燈相比，能夠多使用三～六倍的時間。LED四萬小時的壽命是指從100％的初始照度減少到70％時的照度而言，而且也不會像螢光燈那樣在壽命結束時突然熄滅。目前，LED的亮度與耗電量在日益改善下，已經能與高效率螢光燈相等，甚至有更優異的表現。

此外，LED能製成可自由改變色彩的彩色照明，這是最不同於其他光源的功能，這項特點也確立了LED用於裝飾照明的地位。

過去，LED因容易產生高熱造成樹脂劣化、壽命縮短等問題，現在都已經獲得改善。加上LED燈管與螢光燈管的互換性也逐漸提高，都使LED可說是能與螢光燈比肩的基礎照明光源。

◆LED的發光原理

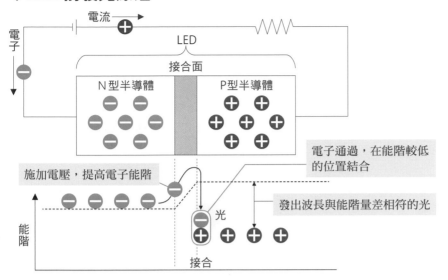

電流 ⊕

電子 ⊖

LED

接合面

N型半導體 　 P型半導體

電子通過，在能階較低的位置結合

施加電壓，提高電子能階

發出波長與能階量差相符的光

能階

光

接合

◆LED燈具

開發了各種不同種類的LED燈具。活用LED的優點，將其運用在最適合的地方是非常重要的一件事

●基礎嵌燈　　●可動式嵌燈

●長條型燈具

●E26燈泡型LED燈

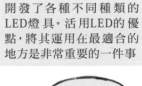
●架子用嵌燈

●聚光燈

●腳燈

●戶外用聚光燈

●壁燈

●展示用小型聚光燈

●彩色LED投光燈　　●彩色LED間接照明

●彩色LED水中照明

●彩色LED指示照明

1 在照明計畫開始之前
2 照明計畫的基礎
3 住宅空間的照明計畫
4 燈具配置與光源效果
5 非居住空間的照明計畫
6 光源與燈具
7 文件與參考資料

095

其他光源

Point

EL是薄片狀「面發光光源」，
今後也將進行各種研究開發，可期待成為一般照明用光源。

有機EL與無機EL

除了白熾燈泡、螢光燈、HID燈之外，還有各式各樣新型態的光源受到矚目。EL（電致發光）便是其中之一。EL是薄片狀的面發光光源，如果貼在牆壁或天花板上，就能讓該牆壁和天花板看起來像是本身在發光一樣。

EL可分成在有機化合物上施加電壓使其發光的有機EL[1]，以及在無機化合物上施加電壓使其發光的無機EL。有機EL的發光原理與LED類似，發光效率也比無機EL來得好，因此，除了將其做為一般照明用光源進行研究開發外，也嘗試開發做為顯示面板來使用[2]。

另一方面，無機EL雖然可得到較大的發光面，但因亮度及色溫的種類較不足，壽命也短，因此，現階段的使用範圍有限，主要用來做為招牌照明或店鋪的裝飾照明等。但與有機EL一樣，隨著技術的發展，未來還是有各式各樣的可能性。

無電極螢光燈

無電極螢光燈是採用新型點燈方式的放電燈。在放電空間內沒有電極或燈絲，因此，即使長時間亮燈或開關也不會耗損，壽命長達三萬～六萬小時，並且具有與螢光燈相當的高效率及節能性。適合安裝在挑高天花板等難以更換光源的場所，在外型方面，有與燈具裝置合為一體的類型，也有與白熾燈泡同樣使用E26燈帽的類型等。

低壓鈉燈

低壓鈉燈是藉由低壓放電來使鈉發光，發光效率達175lm／W，是效率最高的光源，節能效果也很好。但由於只能發出黃色的單色光，較難在燈光下分辨物體的顏色，演色性較差，不適用於一般照明。但在煙霧中的透視性優異，可在道路上或隧道中使用。

譯注：1 台灣一般稱為OLED有機發光二極體
      2 已有部分手機使用OLED面板

◆EL（電致發光）

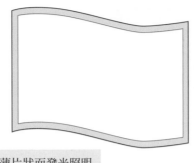

薄片狀面發光照明

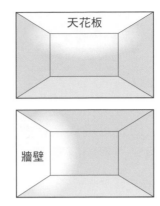

天花板

牆壁

未來說不定可以讓整片
天花板或牆面發光

◆無電極螢光燈的發光原理

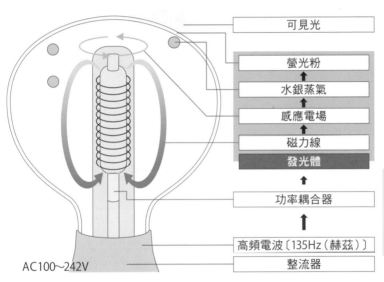

可見光

螢光粉
↑
水銀蒸氣
↑
感應電場
↑
磁力線
↑
發光體
↑
功率耦合器
↑
高頻電波〔135Hz（赫茲）〕
整流器

AC100～242V

將水銀蒸氣封入玻璃泡高頻磁場
中，使其產生感應電場，激發內
部的水銀蒸氣產生紫外線。紫外
線在撞擊到玻璃泡內面塗覆的螢
光粉後，轉變為可見光

注：EVERLIGHT（Panasonic）的情況

◆低壓鈉燈

●構造

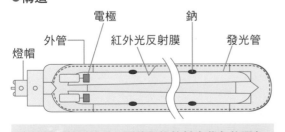

電極　　　　　　鈉

外管　　紅外光反射膜　　發光管

燈帽

由於採用低壓放電，因此只能放射出黃色的單色
光。這個光的波長接近比視感度（人眼對於各個
波長光線的靈敏度）的高峰，因此在各種光源當
中效率最高。

●分光分布

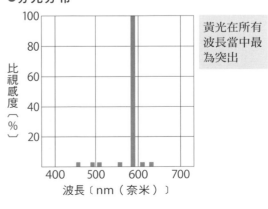

黃光在所有
波長當中最
為突出

比視感度〔%〕

波長〔nm（奈米）〕

1 在照明計畫開始之前

2 照明計畫的基礎

3 住宅空間的照明計畫

4 燈具配置與光源效果

5 非居住空間的照明計畫

6 光源與燈具

7 文件與參考資料

096

變壓器・安定器

Point

變壓器是用來使電壓降至可接受伏特數（V）以下的裝置。
安定器是點亮螢光燈時必要的裝置。

變壓器

日本的電壓規格是100V[1]，大部分的光源或燈具在設計時都會配合此規格。然而，某些氙氣燈泡或燈飾等也採用12V或24V的規格。使用這些光源時，就需要使用變壓器（降壓器）將100V的電壓降至12V或24V。

此外，具有小型點光源特性的鹵素燈泡多半也屬於12V的低伏特規格。一般來說，燈具通常不會附上變壓器，需要另外購買、安裝。不過，若是以低伏特鹵素燈泡為光源的聚光燈軌，幾乎都會在安裝處附上小型的廂型變壓器，使其與燈具合為一體。此外，如果是嵌燈，也大多會在天花板內部另外設置變壓器。

安定器

安定器是點亮螢光燈或HID燈時的必要裝置。只要光源內部開始放電，電流就會急速增加。如果就這樣讓電流持續地增加下去，可能會使光源損壞、電線熔化，因此必須設置能讓電流維持一定的電路，也就是安定器。大部分的安定器也兼具讓光源點亮的功能，一般稱之為「點燈電路」。

燈具通常都會內建安定器，而安定器的種類也會改變燈具亮燈時所需的時間。近來，能夠快速亮燈，並且提高發光效率的小型、輕量化高頻點燈電路（整流器式點燈電路）成為主流。此外，也開發出與Hf螢光燈結合使用的高頻專用燈具，可提高節能性，因此有愈來愈多人採用。

至於燈泡型螢光燈本體內部已有內建的安定器，因此可以直接安裝在白熾燈泡用的燈具上。而HID燈則幾乎都需要安定器。

譯注：1 台灣電壓規格是110V

◆變壓器與安定器

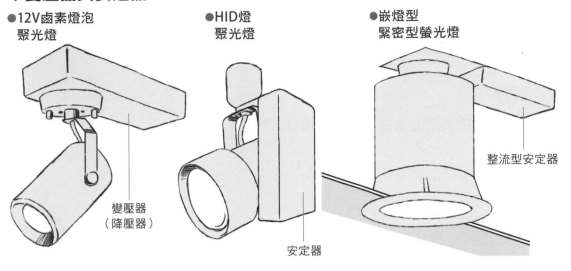

●12V鹵素燈泡
聚光燈

●HID燈
聚光燈

●嵌燈型
緊密型螢光燈

整流型安定器

變壓器
（降壓器）

安定器

◆安定器的原理

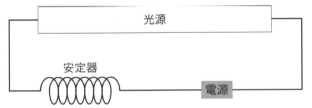

光源

安定器

電源

光源內開始放電後，電流就會急速增加，如果就讓電流持續地增加下去，可能會使光源損壞、電線熔化。不過，只要使用安定器，就能阻止電流持續增加的現象，使電流維持在一定值

◆燈泡型螢光燈的原理

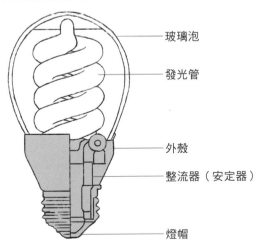

玻璃泡

發光管

外殼

整流器（安定器）

燈帽

◆Hf螢光燈的標誌

Hf
光源專用
附在燈具上的標誌

Hf
燈具專用
附在光源上的標誌

在更換螢光燈時，若燈具上附有左側標誌，就必須選擇附有右側標誌的光源才能發揮功能

1 在照明計畫開始之前

2 照明計畫的基礎

3 住宅空間的照明計畫

4 燈具配置與光源效果

5 非居住空間的照明計畫

6 光源與燈具

7 文件與參考資料

097 照明燈具的選擇方式

Point

在選擇照明燈具時，也必須想像其配光的方式。

▌照明燈具的種類

照明燈具可分成兩種，一種是外型有明顯的特徵，除了光的分布及方向之外，也重視燈具本身的存在感及設計感；另一種則是重視燈具發出的光量、光的方向及品質。

前者稱為裝飾照明，水晶燈、吊燈、吸頂燈、壁燈及立燈等都屬於這類。後者則稱為技術照明，嵌燈、聚光燈、全面照明用的螢光燈等則屬於這類。此外，也有燈具依照使用的場所及用途來分類。如製造商的產品型錄就多半將燈具分為戶外用、展示用、水中用、街路燈、投光器等等。

照明燈具的構造由光源、燈座、電源線、燈罩等本體零件與安裝零件所組成。燈具的設計必須能夠耐得住光源的熱輻射，在一般使用的情況下，不會產生變形、破損、故障等問題，在當成商品販賣前，也必須針對溫度、電路、配線、防水功能等性能進行安全性及耐久性測試。使用燈具時，必須遵循產品使用說明書，注意發光部位與照射對象物的距離限制等安全事項。

▌確認配光曲線

光源的分布方式稱為配光，每種燈具都有其各自的特色。在選擇燈具時，考慮配光的方式也很重要。配光可透過配光曲線的圖來表示，垂直面的配光曲線尤其重要，看過之後就能了解燈具的特徵。此外，也容易從配光曲線推測出燈具帶給對象物的照度，可成為進行照明計畫時的重要資料。

挑選嵌燈、聚光燈、全面照明用的螢光燈等燈具前，如果不事先確認配光曲線，就無法確保必要的照度。

至於挑選立燈、吊燈等燈具時，雖然也會確認配光曲線，但由於使用的光源大多是容易判斷照度的白熾燈泡或螢光燈，製造商多半不會提供詳細的配光資料。

◆照明燈具的種類

●裝飾照明

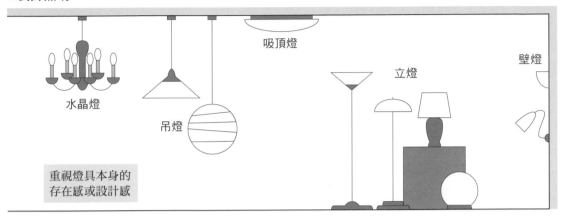

吸頂燈

立燈

壁燈

水晶燈

吊燈

重視燈具本身的
存在感或設計感

●技術照明

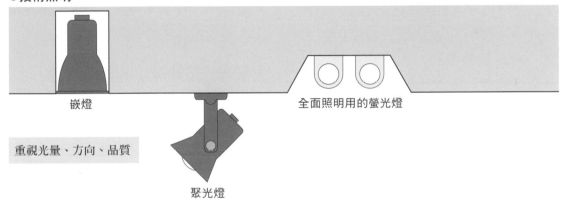

嵌燈

全面照明用的螢光燈

重視光量、方向、品質

聚光燈

◆照明燈具的配光曲線

分類	直接照明	半直接照明	全面擴散照明	半間接照明	間接照明
上方光通量〔％〕	0～10	10～40	40～60	60～90	90～100
下方光通量〔％〕	90～100	60～90	40～60	10～40	0～10
配光曲線					
特徵	使用不透明燈罩。燈光直接打在對象物上，可將物體照得很清楚，但相對的，也會產生明顯的陰影	使用半透明燈罩。直接光與穿透燈罩的光分別照射上下兩方，容易表現光的擴散	使用半透明燈罩。光朝三百六十度擴散，帶給人溫暖感受。光線柔和不刺眼，也不會產生陰影	使用半透明燈罩。穿透燈罩的光與牆面、及天花板反射的光互相結合，呈現出有氣氛的燈光效果	使用不透明燈罩。利用天花板及壁面反射的光來照亮四周。雖然不刺眼，但照亮環境的效果也不好

1 在照明計畫開始之前

2 照明計畫的基礎

3 住宅空間的照明計畫

4 燈具配置與光源效果

5 非居住空間的照明計畫

6 光源與燈具

7 文件與參考資料

098

嵌燈的種類

Point

比起外型，嵌燈更重視「配光」、「效率」等光學機能。

嵌燈的特徵

嵌燈是嵌入在天花板上開設的小型孔穴中、朝地面或壁面方向照射的燈具。光源種類很多，如白熾燈泡、緊密型螢光燈、燈泡型螢光燈、HID燈、LED等都可使用。

燈具由本體（框體）、反射罩、邊框、燈座、電源、光源等所組成；從光源發出的光透過反射罩反射後照向地面。反射罩的種類包括單錐型、雙錐型、遮光型等，同樣的反射罩在開關燈時也會產生不同的視覺效果。單錐型及雙錐型採用鋁製反射罩，雖然燈具本身在亮燈時並不顯眼，但關燈時其金屬質感就顯得特別突出。另一方面，遮光型反射罩採用黑色或白色塗裝，亮燈時發光的白色燈具會呈現出強烈的存在感，但關燈時就與天花板融為一體，反而不顯眼。

嵌燈的形狀是直徑七十五～兩百五十公釐的圓形或四角形，重視性能勝於外觀。換句話說，嵌燈的配光及發光效率等光學機能相當重要。雖然燈具的形狀幾乎相同，但不同反射罩及本體的設計、可隨著光源產生不同配光等特性，使得燈具用途也變得多元。

配光的種類及效率

配光的種類可分成全面照明用、壁面照明用、聚光燈用等等。全面照明用的光源配光範圍廣，對地面的照度均勻性高。全面照明的配光也稱為蝙蝠形配光，燈具多半使用雙錐型反射罩。但是，也有配光範圍更廣、燈光甚至能擴散到壁面上、均勻性也較高的類型。這種配光的燈具多半採用單錐型或遮光型反射罩。

至於壁面照明用的燈具，配光方向偏向壁面，有提高亮度感受的效果，並且有專用燈具。而聚光燈用的燈具則配光範圍狹窄，反射罩多半屬於單錐型。

此外，嵌燈的遮光角多半在三十度以上，擁有降低眩光的功能，特別是雙錐型反射罩燈具，光源安裝的位置較深，可減輕令人不適的眩光。

◆嵌燈的構造

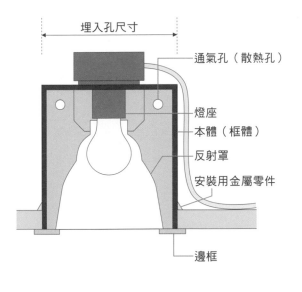

埋入孔尺寸

通氣孔（散熱孔）

燈座

本體（框體）

反射罩

安裝用金屬零件

邊框

◆全面照明用嵌燈種類

●單錐型

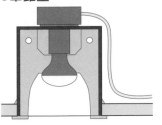

●雙錐型

光源的安裝位置深，可減輕看向燈具時產生眩光

●遮光型

反射罩經過塗裝，亮燈時雖然呈發亮的白色，但關燈時與天花板融為一體，並不顯眼

◆配光的種類

●全面照明用①

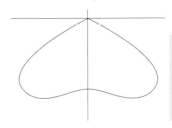

稱為蝙蝠型配光。配光範圍廣、照射地面的照度均勻性高，反射罩多半屬於雙錐型

●全面照明用②

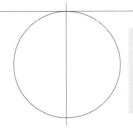

配光範圍廣、甚至擴散到壁面上方，相較之下均勻性更高。反射罩多半屬於單錐型或遮光型

●壁面照明用

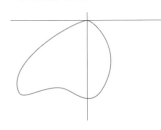

配光偏向壁面，可提高明亮感，也有壁面燈專用的照明燈具

●聚光燈用

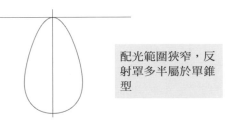

配光範圍狹窄，反射罩多半屬於單錐型

1 在照明計畫開始之前

2 照明計畫的基礎

3 住宅空間的照明計畫

4 燈具配置與光源效果

5 非居住空間的照明計畫

6 光源與燈具

7 文件與參考資料

099

嵌燈的裝飾效果

Point

壁面設置嵌燈時，
「燈具與壁面的距離」與「燈具與燈具的間隔」的比例約為「1：1～2」。

壁面用嵌燈

壁面燈是一種讓燈光從壁面流瀉而下的照明手法，可提高視覺上的明亮感，強調空間的寬敞與奢華。為了加強視覺效果，會使用反射罩經過特別設計的嵌燈，這類嵌燈就稱為壁面用嵌燈。其特徵在於每個燈具都設定了安裝時與壁面的距離，以及燈具之間的間隔，只要依照設定值安裝，就能均勻且美觀地讓燈光從靠近天花板的壁面照設至地板。大部分的情況下，「燈具與壁面的距離」與「燈具與燈具的間隔」約為1：1～2的比例。

此外，使用全面照明、用或聚光燈用嵌燈，也能得到與壁面燈同樣的效果。做法是，在與壁面銜接的天花板上方，設置寬度大於燈具開口的燈槽，將嵌燈以小於兩百公厘（使用鹵素杯燈的情況）的間距配置。

可動式嵌燈

可動式嵌燈是將聚光燈完全、或是一半左右埋入天花板內所形成的照明燈具，也稱為可調式嵌燈。這種做法不僅能夠明顯地照亮壁面或室內的某一部分，也因為燈具埋在天花板內部，看起來非常清爽。尤其是使用開口徑小、能夠有效減少眩光的燈具，就能在不注意到光源存在的情況下，以聚光燈照亮目標場所，呈現出具有高級感的氣氛。光源可使用鹵素燈泡或小型金屬鹵化燈等，容易控制照射方向的產品。

燈具的一部分突出於天花板外的可動式嵌燈，光線轉動角度大，自由度也高。反之，燈具完全埋入天花板內的類型，可轉動的角度就只有三十度左右，必須充分評估照射位置、與燈具安裝位置間的關係。

◆壁面用嵌燈

●種類

同時照射壁面與地面的類型

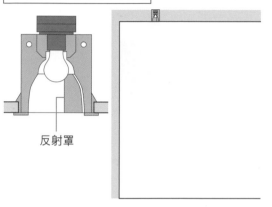

反射罩

附有擴散鏡，主要照射壁面

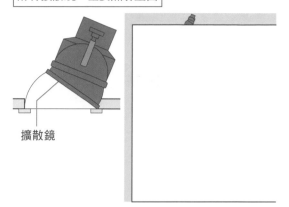

擴散鏡

●間距

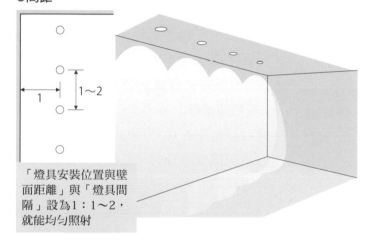

```
1 ──→ 1~2
```

「燈具安裝位置與壁面距離」與「燈具間隔」設為1：1~2，就能均勻照射

●除了壁面嵌燈以外的情況

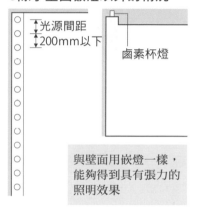

光源間距
200mm以下

鹵素杯燈

與壁面用嵌燈一樣，能夠得到具有張力的照明效果

◆可動式嵌燈

●種類

完全埋入天花板內的類型

燈體一半左右露出天花板外的類型

●也稱為可調式嵌燈

●間距

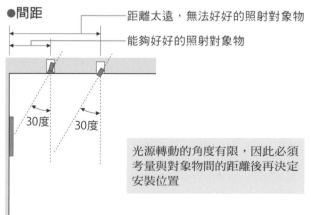

距離太遠，無法好好的照射對象物

能夠好好的照射對象物

30度　30度

光源轉動的角度有限，因此必須考量與對象物間的距離後再決定安裝位置

1 在照明計畫開始之前

2 照明計畫的基礎

3 住宅空間的照明計畫

4 燈具配置與光源效果

5 非居住空間的照明計畫

6 光源與燈具

7 文件與參考資料

100

吸頂燈

Point

依照房間大小來選擇燈具的尺寸與亮度。
三～六坪的房間只需要一個吸頂燈即可完全照亮。

▌吸頂燈的特徵

吸頂燈發光面大,不容易形成輪廓清晰的陰影,無論是發出的光還是產生的影子都給人模糊、平坦的感覺,發出的燈光類似以和紙為燈罩的照明燈具,這可能也是日本人偏好吸頂燈的理由。

吸頂燈做為全面照明使用,必須依照房間的大小來選擇燈具的尺寸及亮度。三～六坪的房間只需要在天花板中央安裝一個吸頂燈,就能完全照亮。近來,吸頂燈出現能夠以遙控器開、關燈及調光的類型;或是能夠電動式上下移動位置、如吊燈一般使用的類型等。光源也不是只有螢光燈,還有使用白熾燈的類型,燈具類型也有加上裝飾的燈具。

▌懸掛式燈座的種類

一般住宅的天花板都設有稱為懸掛式燈座、或懸掛式接頭的電源設備,方便吸頂燈的安裝。而懸掛式燈座或懸掛式接頭的種類如下:

●方形懸掛式燈座

多半使用於和室的小型吊燈或吸頂燈。固定用螺絲的間隔為二十五公厘,由於間隔很小,無法安裝太重的燈具,但可設置在和室的樑上。

●圓形懸掛式燈座／埋入式接頭(懸掛式吸頂接頭)

適合設置在西式房間的天花板、或和室的木板拼接而成的天花板上。固定用螺絲的間隔較寬,有四十六公厘,與通線孔之間也能有一定的距離,因此可以固定得較牢靠,也能安裝大型燈具。此外,燈具的安裝孔能夠旋轉,因此也能自由地選擇燈具的安裝方向。

不過,日本在二〇〇五年十月之後規定,燈具重量若超過五公斤(十公斤以下),就有義務實施不由電燈接頭負荷整體燈具重量的安裝工程;此外,住宅也推薦使用耐熱型懸掛式燈座。

◆吸頂燈

●種類

最一般的照明燈具，發光面大為其特徵

●安裝重點

安裝在天花板中央	與輔助照明併用

能夠照亮整個房間，生活上不會有太大的不便…

與立燈或聚光燈並用

譬如用餐或讀書時，如果能以輔助照明照亮近處，會更方便活動

◆懸掛式燈座的種類

●方形懸掛式燈座

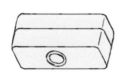

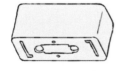

●圓形懸掛式燈座

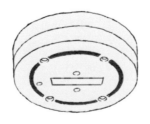

●埋入式接頭

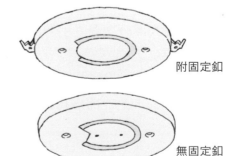

附固定鈕

無固定鈕

1 在照明計畫開始之前

2 照明計畫的基礎

3 住宅空間的照明計畫

4 燈具配置與光源效果

5 非居住空間的照明計畫

6 光源與燈具

7 文件與參考資料

101 吊燈·水晶燈

Point

包覆住光源的燈罩多半具有高度設計性，
並且如家具一般有各式各樣的種類。

▋吊燈的使用方式

以漆包線、電線或鐵鍊等從天花板上垂掛而下的照明燈具稱為吊燈。吊燈大多使用一～三個光源，並且有各種不同的大小。如果重量較輕，可以只靠懸吊的漆包線來取得平衡。

由於吊燈容易進入人的視線，因此包覆光源的燈罩多半具有高度設計性。材質也如家具一般有許多不同的選擇，從以前就被當成室內設計的要素而受到重視，也產生了許多由建築家或設計師設計的名作。吊燈基本上由一個白熾燈泡及燈座組成，構造相當單純，因此也很容易設計出原創性高的燈具。

▋用途與設置的重點

吊燈大部分懸掛在餐桌正上方。因此，在挑選燈具時，除了注意設計是否能搭配室內設計外，也必須考量與房間大小、餐桌尺寸的均衡感（▶P82）。

此外，坐在餐桌旁的椅子上時，會因直接看到光源而感到刺眼，因此可使用將光源隱藏在燈罩下方的造型燈具、或是可調光燈具來避免這種情形。

設置時，可安裝在住宅天花板的中央位置，除了安裝在懸掛式燈座（▶P226）等燈座上，有些類型也可安裝在燈軌上。

▋水晶燈的使用方式

水晶燈為體積比吊燈更大、光源更多的照明燈具。因設計概念的原點為使用蠟燭的多光源照明，所以在設計上多半會有典雅的感覺，給人強烈的印象。

由於水晶燈在尺寸上高度相當高，因此必須安裝在空間夠寬敞、或天花板夠高的房間。此外，水晶燈多半也具有一定的重量，所以也要確認天花板的基底材質是否能夠耐重，並且視情況補強。

◆吊燈與水晶燈的種類

●吊燈

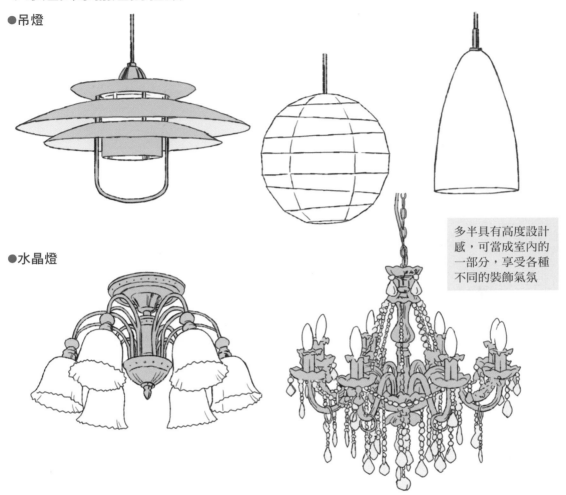

●水晶燈

多半具有高度設計感,可當成室內的一部分,享受各種不同的裝飾氣氛

◆安裝在燈軌上的吊燈

燈具位置可隨著作業內容而改變

◆設置水晶燈

設置時需要考量房間大小及天花板高度。若燈具裝置在人可以觸碰到的高度,可能會造成危險,必須注意!

1 在照明計畫開始之前

2 照明計畫的基礎

3 住宅空間的照明計畫

4 燈具配置與光源效果

5 非居住空間的照明計畫

6 光源與燈具

7 文件與參考資料

 102

聚光燈

Point

聚光燈能夠發出具有「指向性」的光，
特徵是可自由調整照射方向。

聚光燈的種類

聚光燈能夠發出具有指向性的光，是能自由調整方向的直接照明燈具。正確來說，光束角在三十度以下的窄配光燈具才稱為聚光燈，大於三十度的廣配光燈具則稱為平光燈，但聚光燈也經常被當成這兩者的統稱。

聚光燈的特性是能夠將燈光聚集在展示物或商品上。一般安裝在天花板或壁面，但也可安裝在地板上。其結構由光源、反射罩、本體、安裝用零件組成。安裝用零件除了固定式的凸緣型、以及容易取下或改變位置的燈軌型之外，也有可在臨時設置時使用的燈夾固定型。

以小型鹵素燈或金屬鹵化燈為光源的聚光燈具，本身體積小且不顯眼，加上配光種類豐富，使用起來也相當方便。

此外，也有運用反射罩或光學鏡片來使配光變成直向或橫向的壁面用燈具、能夠當成全面照明使用的廣配光燈具、以及在光源前面加裝光學鏡片，讓光線邊緣更銳利的透鏡式聚光燈或截光燈等。這些燈具適合用來照射販賣店的商品、美術館的展示品、餐飲店的桌面等，用途相當廣泛。

活用配件

聚光燈有各種能夠改變光色及印象的配件。這些配件主要有讓燈光柔焦擴散的擴散鏡、讓光線呈橢圓配光的折射鏡，以及改變色彩的彩色濾光鏡、改變色溫的色溫濾光鏡、抑制光源附近刺眼光線的蜂巢遮光板、長筒式遮光罩及防眩光遮光罩等等。若能依照用途及目的巧妙地運用這些配件，就能營造出更具備高級感的高品質燈光。

◆聚光燈的種類及配光

●凸緣固定式　　　　●燈軌式　　　　●夾式

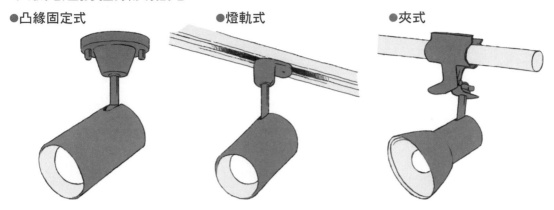

●配光

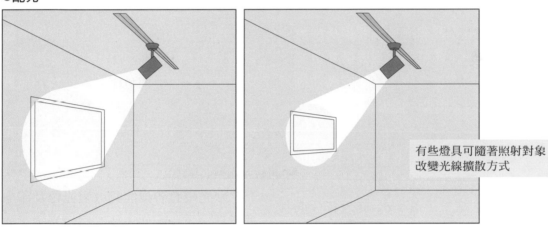

有些燈具可隨著照射對象
改變光線擴散方式

◆配件

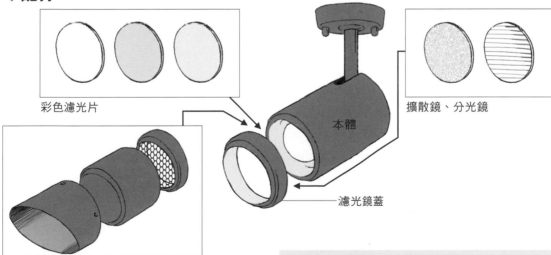

彩色濾光片

擴散鏡、分光鏡

本體

濾光鏡蓋

從前到後依序為防眩光遮光罩、長筒式
遮光罩、蜂巢式遮光板

巧妙地活用豐富配件，就能配合照明用途及目的，
營造出更具原創性且效果更好的燈光

1 在照明計畫開始之前

2 照明計畫的基礎

3 住宅空間的照明計畫

4 燈具配置與光源效果

5 非居住空間的照明計畫

6 光源與燈具

7 文件與參考資料

103

壁燈 · 嵌燈

Point

安裝壁燈時，設置的位置是很重要的考量；
而立燈的特色則是配置的自由度高，容易調節亮度。

▌壁燈的使用方式

　　直接安裝在壁面上的照明燈具稱為壁燈。住宅中，通常將壁燈安裝在露天場所，或即使在屋內也不容易安裝或維修的場所，如玄關外、樓梯間、盥洗室、浴室等。

　　安裝壁燈的目的不僅在於確保亮度，多半也兼具裝飾效果。由於裝設位置較低，只比人的身高略高，和吊燈一樣容易進入視野。因此，多半採用看起來不刺眼的燈具、或是使用如間接照明一般朝壁面照射的燈具。

　　由於壁燈會凸出於壁面，在走廊等狹窄的空間安裝時，必須將其設置在不會被人撞到的位置。若在盥洗室安裝壁燈，則要設置在鏡子的左右兩邊或上方，以便讓人看清楚自己的氣色。

　　至於安裝在浴室或戶外時，必須選擇具備防水或防潮性能的專用燈具，這類燈具在固定處都有排水孔，安裝時要注意排水孔是否朝向下方。

▌立燈的使用方式

　　擺放在地面或桌面等的獨立照明燈具稱為立燈，放在地面上的稱為落地燈；放在桌面上或台座上的則稱為檯燈（桌燈）。立燈和壁燈同樣具有存在感，造型獨特饒富趣味，對於室內及裝飾來說，也是重要的元素。此外，配置的自由度高，也可透過變更數量或位置來調整亮度。

　　最一般的立燈是附有布製燈罩等的燈罩型。至於檯燈則大多附有金屬或塑膠燈罩，屬於反射型，方便在書桌上讀書或工作時當成工作照明使用。此外，還有能夠營造間接照明效果、朝天花板發光的火炬型立燈，以及附有乳白色玻璃或塑膠燈罩的球型燈，放在地板附近能夠使室內的燈光重心下沉，營造出放鬆的氣氛。

◆壁燈

●戶外

燈具的固定處有排水孔，必須將排水孔朝下安裝

●盥洗室

安裝在鏡子的左右兩側，以便讓人看清楚臉上的氣色

●樓梯間

經常使用於安裝困難、維修費工的場所

尺寸

在展開圖上記下設置高度，以免安裝時出錯

◆立燈

●燈罩型

附有布製燈罩等的燈罩型立燈最為普遍

●反射型

做為書桌上的工作照明效果最好

●火炬型

朝天花板發光，可當成間接照明使用

●球型

放在地板附近，可讓室內的照明重心下沉，營造出放鬆的氣氛

1 在照明計畫開始之前

2 照明計畫的基礎

3 住宅空間的照明計畫

4 燈具配置與光源效果

5 非居住空間的照明計畫

6 光源與燈具

7 文件與參考資料

結構性照明・全面照明的螢光燈

Point

「桌面上的亮度」是全面照明螢光燈具的照明重點，
可使用附有乳白色壓克力擴散板的燈具等。

▌結構性照明燈具

結構性照明燈具，是讓反射式照明或遮光式照明更容易使用的間接照明用燈具。除了螢光燈具及白熾燈具之外，還有氙氣燈及燈條等特殊白熾燈具或LED燈具等。

設置這些燈具時，必須確認光源特性、燈具本體大小，以及安裝方法、光源更換及維修頻率等，並依此評估燈具安裝空間的詳細尺寸。此外，為了營造出完成度更高的結構性照明，燈光的色溫、亮度、是否能夠調光等都很重要，所以在安裝前也要有充分的了解。

▌全面照明螢光燈具

全面照明螢光燈具常使用於學校等寬廣的空間，是燈光均勻且兼具機能性及經濟性的照明燈具。主要由數個一組的螢光燈管組成，可分為直接安裝在天花板上的直接安裝型、以及安裝台座的

截面形狀如山一般的山型燈具。另一方面，設置在天花板凹槽內的稱為埋入型燈具，可分成光源裸露式、下方附有乳白色擴散板式、或塑膠格柵、鏡面鋁格柵式等。

全面照明螢光燈具原本就重視照射在桌面上的亮度，但如果想要更強調明亮感，可使用下方附有乳白色壓克力擴散板或塑膠格柵的類型，或是光源裸露的類型。此外，若擔心電腦螢幕會反射光源，想減輕光線刺眼的情況，可選擇附有鋁格柵、遮光角三十度左右的燈具。

近來，細管徑的高照度螢光燈增加，藉此也能讓天花板面的設計更整潔、清爽。此外，製造商也個別推出系統化全面照明燈具，並且同時販售格柵等配件以及與新產品間的轉換接頭，以便更容易地因應時代的轉變。

◆結構性照明燈具（間接照明燈具）

●螢光燈具

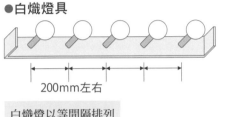

將燈具重疊，就能創造出連續的燈光

●白熾燈具

200mm左右

白熾燈以等間隔排列

●LED

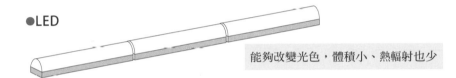

能夠改變光色，體積小、熱輻射也少

●無縫燈條

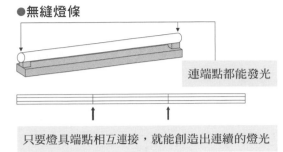

連端點都能發光

只要燈具端點相互連接，就能創造出連續的燈光

●氖氣燈

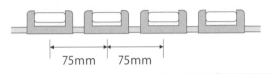

75mm　75mm

體積小，可安裝於狹窄的空間，能發出溫暖的橘色光

◆全面照明螢光燈具

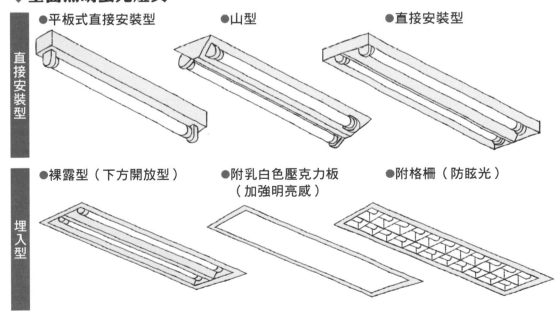

直接安裝型
●平板式直接安裝型　●山型　●直接安裝型

埋入型
●裸露型（下方開放型）　●附乳白色壓克力板（加強明亮感）　●附格柵（防眩光）

1 在照明計畫開始之前

2 照明計畫的基礎

3 住宅空間的照明計畫

4 燈具配置與光源效果

5 非居住空間的照明計畫

6 光源與燈具

7 文件與參考資料

105
戶外用照明燈具

Point

「IP防護等級」是顯示防水及防塵性能的國際標準,並訂有建議值。

IP防護等級

戶外照明燈具會直接暴露在太陽下、雨中等情況,使用環境比室內嚴苛。「IP防護等級」就是為了標示其防水及防塵性能而制定出的國際標準,由兩個數字組合而成,數字愈大代表性能愈高,並且也訂有不同使用場合的建議值。此外,戶外照明燈具也可能需要乘載人或物品,因此也需要求有承受重量的堅固性。不僅如此,陽光及氣溫變化也會加速燈具劣化,而鄰近海邊的地區也必須考慮鹽害問題。

燈具的種類及光源

戶外照明燈具的種類涵蓋範圍很廣,包括屋簷下的嵌燈等全面照明燈具、以及聚光燈、壁燈、腳燈、階梯燈、燈柱、植栽用聚光燈、向上照射樹木或建築物的埋地燈、埋地式指示燈、街路燈、投光照明等。除此之外,還有在游泳池或水池中使用的水中照明。這些燈具的光源則有白熾燈、螢光燈、HID燈及LED等。由於戶外照明的光源更換多半相當費事,一般來說都會使用螢光燈、HID燈或LED等壽命較長的光源。

◆戶外照明燈具的IP防護等級

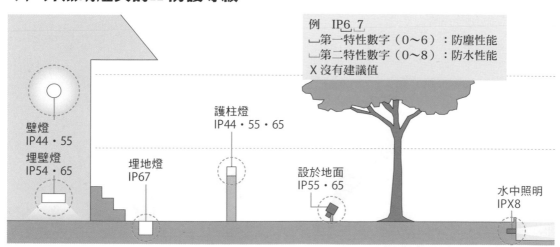

例 IP6 7
└第一特性數字(0~6):防塵性能
└第二特性數字(0~8):防水性能
X 沒有建議值

壁燈
IP44・55

埋壁燈
IP54・65

埋地燈
IP67

護柱燈
IP44・55・65

設於地面
IP55・65

水中照明
IPX8

106

文件·照明燈具列表

Point

從照明燈具列表中網羅燈具的外型、種類、製造商名稱、型號、色彩、材質、燈具尺寸等必要的資訊。

照明計畫所需要的文件

照明計畫所需要的文件可分成初期簡報用文件、以及以設計圖為主的施工用平面圖。

簡報用文件包含周邊環境調查資料、表達想法的速寫、照明配置圖、情境照片、CG（電腦繪圖）、詳細尺寸評估圖、照明配置板、照明模型的照片、原寸模擬照片、平均照度計算表、照度分布圖等。訂定照明計畫時，視情況製作並提出這些文件，可協助設計師與業主、施工單位之間的溝通。換句話說，這些文件雖然不是設計圖，但主要功用為傳達設計意圖，是重要的照明計畫資料。

設計圖分成照明配置圖、配線計畫圖以及照明燈具列表。照明配置圖就是在天花板反射圖及平面圖上，盡可能正確地標示照明燈具的配置，如果有需要也標示出尺寸。至於配線計畫圖，由於關係到施工工程，因此除了照明燈具的配置之外，也必須清楚明瞭地標示出開關的位置、種類、開關能控制的燈具組等等。

照明燈具列表

照明燈具列表是鉅細靡遺地記錄有關選定燈具必要資訊的文件，包括燈具的外型、種類、製造商名稱、型號、色彩、材質、燈具尺寸、天花板開口尺寸、光源種類、指定的色溫及配光、有無安定器或配件、金額等等。

列表雖然有各種不同的形式，但一般都會在欄位中附上燈具型號，並繪製一～二張側視圖的線圖。至於照明設計師在製作燈具列表時，大多習慣在一張A4紙中，記錄某一類型燈具的所有資訊，稱為規格表。如果能花心思整理，譬如以產品型錄的副本、或是從製造商網頁擷取的資料為基礎，製成附有清楚明瞭的外觀圖（照片）等的資料，並且統一文件的尺寸及形式等，使用起來就會更方便。

◆照明燈具列表例

●使用CAD繪製外觀的照明燈具列表

嵌燈 EFD15W × 1	聚光燈 IL15W × 1	聚光燈 JDR80W × 1
反射罩：鋁（表面蒸鍍銀） 框體：鋁壓鑄 埋入孔φ100　埋入深度H＝113	燈罩：鋁壓鑄（白色） 反射板（銀色表面）	防雨型　本體：鋁壓鑄 前蓋：強化玻璃（透明）
壁燈 IL60W × 1	壁燈 FHF24W × 1	壁燈 EFD15W × 1
照射方向可變型　外罩（白色） W＝350　H＝130　突出122	不鏽鋼（髮絲處理） W＝120　L＝634　H＝31	防雨型　燈泡色 外罩：下方採用聚碳酸脂（PC）
立燈 IL100W × 1	長型基礎燈具 LED5.2W	浴室燈 EFD15W × 1
燈罩：布（象牙色・風琴摺加工） 表面鍍鉻	燈泡色LED（3個） 光通量維持率70％推測4,000小時 本體：鋁　最多可連接75個	防濕型、防雨型　燈泡色 外罩：玻璃（乳白色霧面） 壁面、天花板安裝專用

●規格表形式的照明燈具列表

照明燈具規格表

○×府新建工程　照明計畫

反射罩：鋁（表面蒸鍍銀）
框體：鋁壓鑄
埋入孔φ100 埋入深度H＝113

○○○○○○○○
00.000日圓
100V～242V
緊密型螢光燈
00123 × 1
反射罩：○○○○○○○○
重量：000kg
口徑：000mm
安裝板有效厚度：000mm

◆光源簡稱（種類名）

IL	表示廣義上的白熾燈（包括普通燈泡、透明燈泡、迷你氖燈泡、球狀燈泡、水晶燈用燈泡等）
LW	普通燈泡（矽玻璃燈泡）
JDR	雙線圈型（110V）鹵素杯燈
JR	12V型鹵素杯燈
FL	直管形螢光燈管
FLR	直管形快速啟動型螢光燈管
FHF	高頻點燈專用螢光燈
EFA	A型（一般燈泡型）燈泡型螢光燈
EFD	D型（非球型）燈泡型螢光燈
LED	LED照明

1 在照明計畫開始之前
2 照明計畫的基礎
3 住宅空間的照明計畫
4 燈具配置與光源效果
5 非居住空間的照明計畫
6 光源與燈具
7 文件與參考資料

107

照明配置圖

Point

在天花板反射圖及平面圖上，盡可能正確地標示出照明燈具的配置，
如果有需要也要標示尺寸。

◆照明配置圖（一樓）

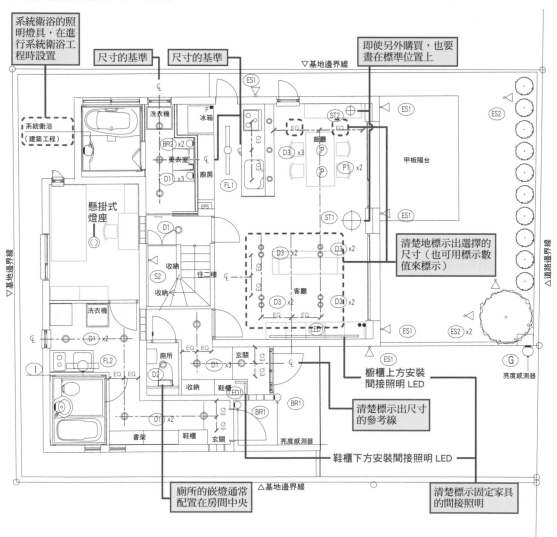

◆照明燈具範例

記號	燈具種類	光源	V	W	燈具 製造商	燈具 型號	備註
D1	基礎照明嵌燈	省電燈泡	100	12	A公司	XXX-XXXX	燈泡色（2,800K）
D2	基礎照明嵌燈	迷你氪燈泡	100	60	A公司	XXX-XXXX	
D3	可調式嵌燈	鹵素杯燈	110	40	B公司	XXX-XXXX	中角（光束角）
S1	燈軌用聚光燈	迷你氪燈泡	100	60	C公司	XXX-XXXX	
S2	聚光燈	迷你氪燈泡	100	60	C公司	XXX-XXXX	
FL1	基礎照明用螢光燈	Hf螢光燈	100	32 x 2	A公司	XXX-XXXX	燈泡色（3,000K）
FL2	螢光燈具	Hf螢光燈	100	24	A公司	XXX-XXXX	燈泡色（3,000K）
FL3	間接照明用螢光燈具	無縫燈條	100	40	B公司	XXX-XXXX	燈泡色（3,000K）
FL4	架子下方用螢光燈具	無縫燈條	100	18	B公司	XXX-XXXX	燈泡色（3,000K）
BR1	壁燈（戶外用）	省電燈泡	100	12	C公司	XXX-XXXX	燈泡色（3,000K）

在備註欄清楚記載色溫及光束角

◆照明配置圖（二樓）

如果在地板附近使用較多的腳燈或間接照明等照明燈具，考量到設計圖的易讀性，除了天花板反射圖之外，也需要另外製作地面照明計畫圖（但這裡只製作天花板反射圖）

在此標示壁燈的安裝高度（以 H○○○○mm 等方式記錄），或另外標示於展開圖上

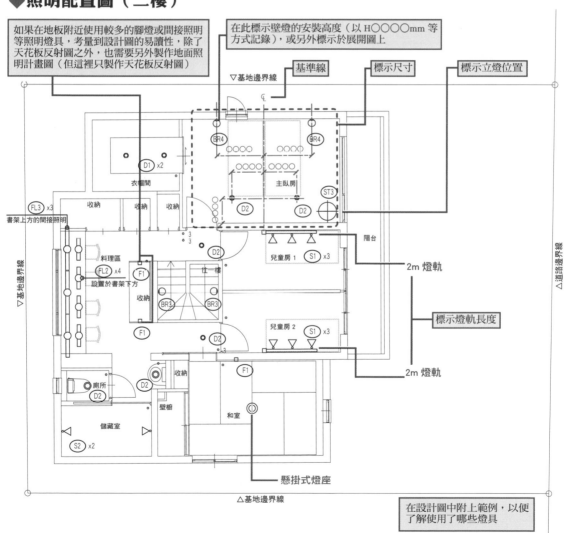

在設計圖中附上範例，以便了解使用了哪些燈具

1 在照明計畫開始之前

2 照明計畫的基礎

3 住宅空間的照明計畫

4 燈具配置與光源效果

5 非居住空間的照明計畫

6 光源與燈具

7 文件與參考資料

配線計畫圖

除了照明燈具的配置之外，
也要清楚地繪製出開關的位置、種類、以及開關能夠控制的燈具組等。

◆配線計畫圖（一樓）

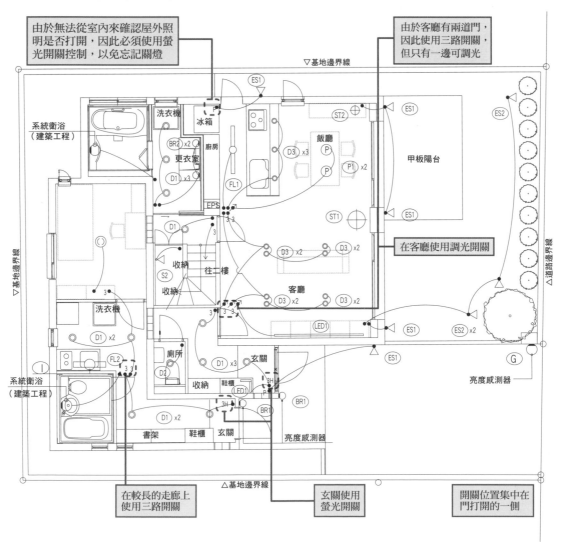

由於無法從室內來確認屋外照明是否打開，因此必須使用螢光開關控制，以免忘記關燈

由於客廳有兩道門，因此使用三路開關，但只有一邊可調光

在客廳使用調光開關

在較長的走廊上使用三路開關

玄關使用螢光開關

開關位置集中在門打開的一側

◆範例

●	開關
⤴	調光開關
3●	三路開關
P●	監控開關
3H●	螢光開關

◆配線計畫圖（二樓）

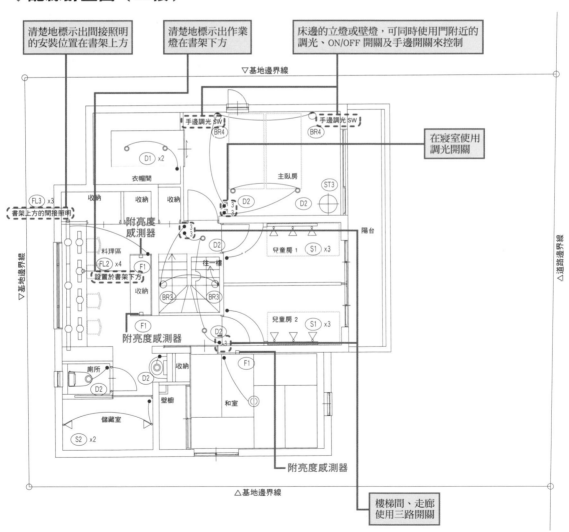

清楚地標示出間接照明的安裝位置在書架上方

清楚地標示出作業燈在書架下方

床邊的立燈或壁燈，可同時使用門附近的調光、ON/OFF 開關及手邊開關來控制

▽基地邊界線

手邊調光 SW
BR4

手邊調光 SW
BR4

在寢室使用調光開關

D1 ×2

衣帽間

主臥房

ST3

FL3 ×3
書架上方的間接照明

收納   收納   收納

3 D2
3

D2

附亮度感測器

3 D2
3

料理區

FL2 ×4
設置於書架下方

F1

D2

兒童房 1   S1 ×3

陽台

收納

BR3   BR3

F1

D2

兒童房 2   S1 ×3

附亮度感測器

廁所

D2   D2

收納

F1

D2

壁櫥

和室

儲藏室

S2 ×2

△道路邊界線

▽基地邊界線

附亮度感測器

△基地邊界線

樓梯間、走廊使用三路開關

往一樓

1 在照明計畫開始之前

2 照明計畫的基礎

3 住宅空間的照明計畫

4 燈具配置與光源效果

5 非居住空間的照明計畫

6 光源與燈具

7 文件與參考資料

109 安全檢查表

Point

為了維持安全、舒適的照明環境，
住宅用照明燈具及設施用照明燈具每年必須檢查一次。

◆住宅用照明燈具──安全檢查表

●每年針對下列項目進行一次檢查，如果發現異常，必須採取適當措施。

檢查結果	安全檢查項目	採取措施
☐	即使按下開關，燈有的時候也不會亮	左列情形屬於危險狀態。為了防止意外發生，必須馬上停止使用，並且更換新的照明燈具
☐	只要動到插頭、電線、或燈具本體，光源就會閃爍	
☐	插頭、電線異常發熱	
☐	有焦臭味	
☐	漏電斷路器有的時候會在開燈時運作	
☐	電線、燈帽以及配線零件有損傷、裂痕或變形等狀況	
☐	購買後超過十年以上	如果發生左列情形，可能會演變成危險的狀態。為了防止意外發生，必須馬上停止使用、更換新的照明燈具、或是持續進行檢查
☐	即使更換光源，從按下開關到亮燈仍然需要一段時間	
☐	外罩、前蓋等變色、變形或是有裂痕	
☐	塗裝面膨起、有裂痕或是生鏽	
☐	燈具固定處變形、鬆脫或是不牢固等	
☐	光源前端極度黑化	若發生左列情形，必須更換新的照明燈具
☐	點燈管反覆閃爍	

◆設施用照明燈具 —— 安全檢查表

●每年針對下列項目進行一次檢查，如果發現異常，必須採取適當措施

檢查結果	安全檢查項目	採取措施
☐	燈具亮燈時間超過四萬小時	左列情形屬於危險狀態。為了防止意外發生，必須馬上停止使用，並且更換新的照明燈具
☐	使用期間超過十五年	
☐	有焦臭味	
☐	照明燈具有冒煙、漏油的痕跡	
☐	配線零件有變色、變形、裂痕、不穩固、破損等情形	
☐	使用期間超過十年	如果發生左列情形，可能會演變成危險的狀態。為了防止意外發生，必須馬上停止使用、更換新的照明燈具、或是持續進行檢查
☐	即使更換光源，壽命仍明顯地比其他光源短，或是提早黑化	
☐	即使更換光源或點燈管，從按下開關到亮燈仍然需要很長一段時間	
☐	即使更換光源或點燈管，仍無法停止閃爍	
☐	即使更換光源，亮度仍明顯地比其他光源低	
☐	漏電斷路器有時會在開燈時運作	
☐	可動部分（開關處、調節處等）動作遲鈍	
☐	燈具固定處變形、鬆脫或是不牢固等	
☐	這兩、三年間，因故障而更換的燈具數量增加	
☐	本體、反射罩等變得非常髒，或是有變色的情形	
☐	外罩、前蓋等變色、變形或是有裂痕	
☐	塗裝面膨起、有裂痕或是出現生鏽	
☐	螺絲等出現變色、變形、裂痕、鬆脫或是破損等情形	
☐	使用不符合規格的光源	換成符合規格的光源
☐	光源前端極度黑化	若發生左列情形，必須更換新的照明燈具
☐	點燈管反覆閃爍	

出處：《照明換新的建議》（（社）日本照明器具工業會）

1 在照明計畫開始之前
2 照明計畫的基礎
3 住宅空間的照明計畫
4 燈具配置與光源效果
5 非居住空間的照明計畫
6 光源與燈具
7 文件與參考資料

110

日本的相關法規

Point

日本各政府機關分別實施多種與節能相關的措施。

此外，指示燈與緊急照明也有定期檢查的義務。

◆照明燈具的節能相關法規概要

●日本各政府機關以減少溫室氣體排放量、改善環境與確保安全為目的，實施下表的行政措施

二〇一二年十二月底

	法規（包含任意規則[1]）	法規概要	對象商品
經濟產業省	「節能法」（特定機器）（以能源效率標竿的方式實施[2]）一九九九年四月實施	· 區分成十二類，不得低於各年度的目標基準值	· 螢光燈具
	「節能標章制度」JIS C 9901（二〇〇〇年八月）（節能標誌[3]：☻=達成、☻=未達成）	· 節能基準達成率（％） · 能源運用效率（lm／W） · 標示節能標誌（節能標誌：☻=達成、☻=未達成）	· 家庭用螢光燈具
	零售業者標示制度「統一節能標章」[4]	· 依照節能效果的高低，將陳列在商店門口的商品分成不同等級，或是標示出使用商品時的電費	· 照明燈具
	節能產品型錄（節能中心）	· 刊登適用於不同面積的各製造商代表商品	· 家庭用螢光燈具
環境省	「綠色採購條款」[5]（二〇〇一年四月實施）	· 指定特定的採購物品、品項並且制定判斷標準 · 每個品項都必須符合「判斷標準」及「注意事項」	· 照明燈具　螢光燈具 　　　　　　LED照明燈具 　　　　　　LED光源的指示燈 · 光源　　　螢光燈（40W） 　　　　　　燈泡狀光源 · 公共工程　環保型道路照明 　　　　　　照明控制系統 · 職責　　　提供照明機能業務
	「商品環境提供系統」（二〇〇五年六月　試運行）（二〇〇七年二月　重新使用）	· 從LCA觀點來公開環境資訊 · 從溫室效應、資源耗費、有害物質三方面來評斷 · 可對各公司進行比較	· 螢光燈
	綠色採購網[6]（GPN）	「照明」採購指南 · 照明計畫包括照度、日光、感測器、調光、控制系統的導入 · 照明燈具包括Hf燈具、調光、初期照度修正、感測器、高輝度指示燈、使用高效率光源且容易回收再利用、有害物質少	· 照明燈具（符合綠色採購條款的產品）
國土交通省	「NETIS」新技術資訊提供系統	· 民間經營的資訊提供系統，透過促進技術開發、活用優秀的新技術等來確保公共工程的品質、縮減花費等	· 道路照明等
	節能法（建築物）「CEC/L」（性能標準）「點數法」（規格標準）	· 算出照明能源的消耗係數 · 適用於2,000m²以上的特定建築物 · 若面積在5,000m²以下，也可採用點數法 · 強化住宅、建築物的節能對策	· 照明設備
	CASBEE建築物綜合環境性能評價系統	· 在國交省的支援下，透過產學合作開發出的評價系統 · 在名古屋、大阪、橫濱等有提出並公布評價結果的義務 · 有關照明的評價也包含光害的防止及日光的利用等	· 所有照明

譯注：1 無強制力的規範
2 新開發產品的節能效率必須優於既有產品中節能效率最高者
3 台灣參考經濟部能源局節能標章
4 台灣參考經濟部能源局節能標章
5 台灣參考政府採購法的第九十六條
6 台灣參考行政院環保署綠色生活資訊網

◆指示燈及緊急照明的設置、檢查保養相關法規[1]

●消防法及建築基準法分別規定，設置的指示燈及緊急照明有定期檢查的義務。

二〇一二年十二月底

	指示燈 消防法及相關法令	緊急照明 建築基準法及相關法令
設備的設置、保養義務	防火對象物的關係者（所有者、管理者、佔有者為該當對象）依照政令所定標準，必須設置、保養消防用設備等。（消防法第十七條第一項）	建築物的所有者、管理者或佔有者，必須極力保持該建築物的建地、構造及建築設備隨時處於合法的狀態。 （建築基準法第八條第一項）
設備的設置申請及檢查	特定防火對象物的關係者在依照政令、條例所訂標準設置消防用設備時，必須提出申請，並接受檢查。 （法十七條第三項之二）	業主在開工前必須提出建築確認申請書，接受建築主事（負責建築的官員）的確認並取得確認完畢的證明。（法第六條）
設備的檢查及報告義務	防火對象物的關係者必須依照總務省令內容定期檢查消防用設備等，並報告檢查結果。 （法十七條第三項之三）	建築物的所有者、管理者或占有者必須請符合資格者定期檢查（包含該建築設備的損傷、腐蝕及其他劣化狀況的檢查）升降機以外的建築設備，並報告檢查結果。 （法十二條第三項）
具備檢查資格者	消防設備士 消防設備檢查資格者（法十七條第三項之三）	一級或二級建築士、建築基準符合判定資格者建築設備檢查資格者（法十二條第三項）
定期檢查	機器檢查：六個月一次 （一九七五年消防廳告示第二號）	特定行政廳所定期間為六個月至一年一次 （實施規則第六條）
定期報告	特定防火對象物：每年　次 其他防火對象物：三年一次 （實施規則三十一條之六）	
申請及報告對象	消防長或消防署長（實施規則第三十一條之六）	特定行政廳（法十二條第三項）
勸告、處置、指正、改善命令等	現場實際檢查後有可能對消防設備等提出處置命令（法十七條之四）	對在安全上有危害的建築物提出處置 （法第十條）
違反檢查報告義務　管理者	關係者：三十萬日圓以下罰金（法四十四條） 法人：三十萬日圓以下罰金（法四十五條）	一百萬日圓以下罰金（法一〇一條）
違反指正、改善命令　違反者	關係者：三十萬日圓以下罰金（法四十四條） 法人：三十萬日圓以下罰金（法四十五條）	懲役一年以下、罰金一百萬日圓以下 （法九十九條）
公告命令內容	有（法第五條）	有（法第十條）
緊急照明確認	二十分鐘或六十分鐘（每層樓符合此標準照明數量不可低於十分之一）	三十分鐘或六十分鐘

原注：①緊急照明指的是緊急用照明裝置及緊急用照明燈具。所有消防設備及建築設備等，都有檢查、報告的義務，而非只針對指示燈及緊急照明。
　　　②有些法令可能經過改定，請自行確認最新版本。
譯注：1 台灣相關法規可參考建築技術規則第四章第三節、各類場所消防安全設置標準第三章第三節。

出處：《照明換新的建議》（（社）日本照明器具工業會）

1 在照明計畫開始之前
2 照明計畫的基礎
3 住宅空間的照明計畫
4 燈具配置與光源效果
5 非居住空間的照明計畫
6 光源與燈具
7 文件與參考資料

台灣相關法規

台灣法規		法規概要	對象商品
經濟部節能標章	節能標章 環保標章	環保、節能標章主要是透過廠商申請商品檢驗，對可回收、低污染、省能源、高效率的產品給予認證標章，做為消費者購買時優先選購的標示。目前光源的檢驗以螢光燈為主，相關規範為： ●螢光燈管申請節能標章認證，其產品需符合依國家標準CNS691、CNS13755、CNS10839及CIE13.3，進行測試時，實測值需符合「節能標章」能源效率基準 ●安定器內藏式的螢光燈泡為國家標準CNS14125規範的商品，需由經濟部標準檢驗局實施檢驗（「能源管理法」第十四條第四項） ●應於產品型錄上應標示產品之發光效率(lm／W)與平均演色性指數 ●產品能源效率證明文件需註明安定器型式	螢光燈器具
政府採購法	「機關綠色採購推動方案」	希望能藉由政府機關與大企業龐大的採購能量，優先採購對環境衝擊較少的產品。 ●機關可於招標文件中規定，可優先採購有政府認可的環境保護產品，並得允許百分之十以下之價差。 ●民國九十年為宣導鼓勵期，綠色採購目標比率定為30%，民國九十一年以後目標值提高為50%。（政府採購法 第九十六條）	各種燈具
	「機關優先採購環境保護產品辦法」 備註： 行政院環保署綠色生活資訊網可查詢環保產品及廠商資料。	在條文中將環境保護產品分成三類。 ●第一類：取得行政院環境保護署認可的環保標章使用許可以、或取得與我國達成相互承認協議的外國環保標章使用許可者。 ●第二類：非屬環保署公告的環保標章產品項目，但經環保署認定符合再生材質、可回收、低污染或省能源條件，並發給證明文件者。 ●第三類：經相關目的事業主管機關認定符合「增加社會利益或減少社會成本」的產品，並發給證明文件者。	各種燈具

台灣法規		緊急照明及指示燈／消防法及相關法令
設備的設置、保養義務		各類場所之管理權人對其實際支配管理之場所，應設置並維護其消防安全設備；場所之分類及消防安全設備設置之標準，由中央主管機關定之。 （消防法第二章第六條）
設備的設置申請及檢查		供公眾使用建築物之消防安全設備圖說，應由直轄市、縣（市）消防機關於主管建築機關許可開工前，審查完成。 （消防法第二章第十條）
設備的檢查及報告義務		應設置消防安全設備場所，其管理權人應委託具備檢查資格者，定期檢修消防安全設備，其檢修結果應依限報請當地消防機關備查；消防機關得視需要派員複查。 （消防法二章第九條）
具備檢查資格者		消防設備師或消防設備士 （消防法第二章第九條）
定期檢查及報告		管理權人申報其檢修結果之期限，其為各類場所消防安全設備設置標準規定之甲類場所者，每半年一次，即每年六月三十日及十二月三十一日前申報；甲類以外場所，每年一次，即每年十二月三十一日前申報。（消防安全設備設置標準第三章第三節／建築技術規則第四章第三節）
申請及報告對象		縣（市）消防機關（消防法第二章第十條）
勸告、處置、指正、改善命令等		不符合設置、維護之規定的消防安全設備，經通知限期改善。 （消防法第六章第三十七條）
違反檢查報告義務	管理者	消防設備師或消防設備士為消防安全設備不實檢修報告者，處新臺幣二萬元以上十萬元以下罰鍰。 （消防法第八章第三十八條）
違反指正、改善命令	違反者	處其管理權人新臺幣六千元以上三萬元以下罰鍰；經處罰鍰後仍不改善者，得連續處罰，並得予以三十日以下之停業或停止其使用之處分。 （消防法第六章第三十七條）
緊急照明確認		三十分鐘以上

CNS台灣國家照度標準

●商業用照明

照度	美術館、博物館	公共會館	旅館	公共浴室	美容院、理髮店	餐廳、飲食店	旅遊飲食店	戲院
1,500	◎雕刻（石、金屬）◎模型	◎化妝室面鏡 ◎特別展示品	◎前廳櫃檯 ◎結帳櫃檯	—	◎剪、燙、染、整髮 ◎化妝	◎食品樣品櫃		
750	◎雕刻 ◎畫 ◎一般陳列室	◎化妝室面鏡 ◎特別展示品 / 圖書閱覽室	停車場、大門、廚房、事務室 / ◎行李櫃檯 ◎洗面鏡	◎櫃檯 ◎衣物櫃 ◎浴場走道	◎修臉 ◎整裝 ◎洗髮 ◎前廳掛號台	會議室 ◎餐桌 ◎帳房 ◎前廳掛號台 ◎貨物收受台	◎餐桌、廚房 ◎帳房 ◎貨物收受台	出入口、販賣店、樂隊區、售票室
500	◎繪圖（附玻璃框）◎國畫 ◎工藝品 ◎一般陳列品 ◎廁所、小集會室、教室	禮堂、結婚禮場準備室、樂隊區、洗手間 / 宴會場所、大會議場、集會室、餐廳	日式大房間、餐廳 / 宴會場所 / 前廳、廁所、盥洗室	◎櫃檯 ◎衣物櫃 ◎浴場走道	◎修臉 ◎整裝 ◎洗髮 ◎前廳掛號台	集會室 ◎廚房調理室 ◎前廳掛號台 ◎貨物收受台	◎餐桌、廚房 ◎帳房 ◎貨物收受台	出入口、販賣店、樂隊區 ◎售票區
300		禮堂、結婚禮堂準備室、樂隊區、洗手間	娛樂室、更衣室、走廊	出入口、更衣室、淋浴間、泡浴槽、廁所	店內廁所	正門、休息室、餐室、洗手間	洗手間	觀眾席、前廳休憩室、電器室、機械式、洗手間、廁所
150	◎模仿製品、標本展示、餐飲部、走廊樓梯	結婚禮場、聚會場、前廳走廊、樓梯	客房、樓梯、浴室 / ◎庭院重點照明	走廊	走廊、樓梯	走廊、樓梯	出入口走廊、正門、樓梯、房間內（全般）	放映室、控制台、樓梯、走廊 ◎後場作業區
75	收藏室	儲藏室	—					
30								
10	幻燈片放映用之簡報室	—	—				以氣氛為主之酒吧、咖啡廳 / 酒廊之座位、走廊	控制室、放映室
5			安全燈				—	—
2							—	觀眾席

備註：1.有◎記號的場所，可用局部照明取得該照度
　　　2.白天屋外正面櫥窗的重點希望1000Lux以上
　　　3.重點陳列的局部照明的照度，希望在全面照明的3倍以上

●商店、百貨、其他

照度	一般共同事項	日用品店	超級市場	大型百貨	服飾店	文化品店	趣味休閒用品	生活專門店	高級專門店
3,000	◎局部陳列室	—	◎主陳列室	◎櫥窗 ◎展示部 ◎店內重點展示	—	—	—	—	◎櫥窗之重點
1,500	—			◎專櫃 ◎店內展示		舞台商品之重點		◎櫥窗之重點	◎店內重點陳列品
1,000	◎重點陳列部 ◎結帳櫃檯 ◎電扶梯上下處 ◎包裝台	◎重點陳列部	店內全面（鬧區）	主商品標售、特價品部分 ◎服務櫃檯	◎重點陳列 ◎專案櫃 ◎試穿室	◎室內陳列 ◎服務櫃檯、試穿室、櫥窗	◎室內陳列之重點、模特兒表演會、櫥窗	◎展示室	◎一般陳列品
750	電梯大廳、電扶梯	◎重點部分 ◎店面	店內全面（郊區）	一般樓層之全面	店內全部	店內全面 ◎具鼓舞性指標之陳列	店內一般陳列 ◎特別陳列 ◎服務專櫃	店內全面 ◎服務專櫃	◎服務專櫃 ◎設計發表專櫃
500	◎一般陳列品 洽商室			高樓層之全面	店內全部 ◎特別陳列室				接待室
300	接待室							店內全面	
200		店內全面							
150	化妝室、廁所、樓梯、走道				◎特別部之全般	◎具鼓舞性指標、陳列部之全面			店內全面
100							特別部之全面		
75	休息室、店內全面								

備註：1.有◎記號的場所，可用局部照明取得該照度
　　　2.白天屋外正面櫥窗的重點希望1000Lux以上
　　　3.重點陳列的局部照明的照度，希望在全面照明的3倍以上

●辦公室照明

照度	場所		
2,000	—		
1,500			
750	辦公室（a）、營業所、設計室、製圖室、正門大廳（日間）		
500	—	辦公室（b）、主管室、會議室、印刷室、總機室、電子計算機室，控制室、診療室 ◎服務台	
300	禮堂、會客室、大廳、餐廳、廚房、娛樂室、休息室、警衛室、電梯走廊		
200		書庫、會客室、電器室、教室、機械室、電梯、雜物室	—
150	—		盥洗室、茶水間、浴室、走廊、樓梯、廁所
100	飲茶室、休息室、值夜班、更衣室、倉庫、入口（靠車處）		—
75			
30	安全梯		

備註：1.辦公室若從事精細工作，且日間室內比較黑暗，就要選擇（a）的標準
2.為避免日間已適應屋外的自然光，在進入屋內正門大廳的瞬間會有昏暗的感覺產生，正門大廳的照度應提高，日夜間照度皆可以分階段來調光

●工廠作業照明

照度	場所	作業
3,000	◎控制室等之儀表盤及控制盤	精密機械、電子零件製造、印刷工廠極細之視力作業如：◎裝配（a）、◎檢查（a）、◎試驗（a）、◎篩選（a）、◎設計、◎製圖
1,500	設計室，製圖室	纖維工廠之選別、檢查、印刷工廠之排字、校正，化學工廠之分析等細緻視力工作，如：◎裝配（b）、◎檢查（b）、◎試驗（b）、◎篩選（b）
750	控制室	一般之製造工程等之普通視力作業如：◎裝配（c）、◎檢查（c）、◎試驗（c）、◎篩選（c）、◎包裝（a）、◎倉庫內辦公
300	電器室、空調機械室	較粗之視力工作如：◎可限定之工作、◎包裝（b）、◎物品製造（a）
150	進出口、走廊、通道、樓梯、化妝室、廁所、內具作業場之倉庫	較粗之視力工作如：◎可限定之工作◎包裝（c）、◎捆紮（b）（c）
75	安全梯、倉庫、屋外動力設備	◎裝貨、卸貨、存貨之移動等諸作業
30	室外（通道、警備區）	—
10		

備註：1.有關相同作業名稱以所看對象物及作業性質之不同而有3種分別
　　　附表中之（a）是指細小、深暗色、對比不明顯的物件，尤其具高增值產品、衛生嚴謹、高精密度、工作時間長等作業事項
　　　附表中之（b）是屬於（a）與（c）之間的事項
　　　附表中之（c）是指粗物件、亮麗物件、對比明顯的物件，尤其不具高價值的物件等作業事項
　　　2.具危險性的作業，應有兩倍的照度
　　　3.◎記號之作業場所可用局部照明取得該照度

●住宅照明

照度	起居間	書房	兒童房	客廳	廚房餐廳	臥房	工作室	更衣室	洗手間	走廊樓梯	倉儲室	玄關	門、玄關	車庫	庭園
2,000		—	—												
1,000	◎手藝 ◎縫紉						◎手工藝 ◎縫紉 ◎縫衣機					—			
750		◎寫作 ◎閱讀	◎作業 ◎閱讀	—	—		—	—						—	
500	◎閱讀 ◎化妝 ◎電話		—			◎看書 ◎化妝	◎工作					◎鏡子		◎清潔 ◎檢查	—
300					◎餐桌 ◎調理			◎修臉 ◎化妝 ◎洗臉	—	—	—		—		
200	◎團聚 ◎娛樂	—	◎遊玩	◎桌面 ◎沙發			◎洗衣					◎裝飾櫃			
150					—										
100	—		全面	—		—	全面	全面				全面		—	◎宴會 ◎聚餐
75		全面			全面				全面						
50	全面			全面									◎門牌 ◎信箱 ◎門鈴鈕	全面	陽台 全般
30										全面	全面				
20						全面									
10	—	—	—	—	—		—	—			—			—	
5						—				—			◎走道		◎走道
2															—
1					深夜	深夜			深夜				安全燈		安全燈

備註：1.各類場所依其用途全面照明及局部照明能並用較妥
　　　2.居住間、客廳、臥房最好有可調光系統
　　　3.有◎記號的場所，可用局部照明取得該照度

●集合住宅之公共空間

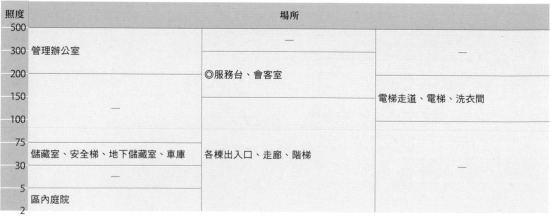

照度	場所		
500		—	—
300	管理辦公室		
200		◎服務台、會客室	
150			電梯走道、電梯、洗衣間
100			
75			
30	儲藏室、安全梯、地下儲藏室、車庫	各棟出入口、走廊、階梯	—
5	—		
2	區內庭院		

備註：有◎記號之場所，可用局部照明取得該照度

詞彙對照表

中文	日文	英文	頁碼
IP防護等級	IP コード	IP code	236
三劃			
三路開關	3路スイッチ	3-wayswitch	50
上照燈	アッパーライト	upper light	146
上反射燈泡	シルバーランプ	silver lamp	138,139
四劃			
不適眩光	不快グレア	discomfort glare	22,23
反射眩光	反射グレア	reflected glare	22,23
反射燈杯	ダイクロイックミラー	dichroic mirror	126,208
天花板反射圖	天井伏図	reflected ceiling plan	42,43
反射式照明	コーブ照明	cove lighting	102
比視感度	比視感度	spectral luminous efficiency	217
五劃			
失能眩光	減能グレア	disability glare	22
目盲眩光	不能グレア	blinding glare	22
平均演色性指數	平均演色評価数	general color rendering index	26
立面圖	立面図	Elevation	48
平衡照明	バランス照明	Balance lighting	112
凸緣	つば	brim	138
功率耦合器	パワーカプラ	power coupler	217
平光燈	フラットライト	flat light	230
六劃			
光通量	全	luminous flux	19
光譜	スペクトル	spectrum	20
光通量	光束	luminous flux	28
光束角	1/2 ビーム角	beam angle	32
全面照明	全般照明	general lighting	34,104
光通量法	光束法	flux method	34
光跡追蹤法	レイトレーシング	ray tracing	48
有機EL	有機EL	organic electro luminescent	216
吊燈	ペンダント	pendant	80
色溫	色温度	Color Temperature	24
七劃			
低壓鈉燈	低圧ナトリウムランプ	The low pressure sodium lamp	36,216
吹入式	ブローイング	blowing	68
局部照明	タスク照明	task lighting	90,104,105
投光照明	投光照明	flood lighting	106
氙氣燈泡	キセノランプ	xenon lamp	218
八劃			
承認圖	承認図	specifications for approval	17
金屬鹵化燈	メタルハライドランプ	metal halide lamp	25
明暗截止線	カットオフライン	cut off line	110
九劃			
燈泡型螢光燈（省電燈泡）	電球型蛍光灯	compact fluorescent light	24
室指數	室指数	room index	34
紅外線	赤外線	infrared rays	20,192
軌道燈	ワイヤーライティング	wire lighting	80
重點照明	重点照明	point lighting	183
屋架	小屋組	roof truss	130
十劃			
眩光	グレア	glare	22
高壓水銀燈	高圧水銀ランプ	High Pressure Mercury Lamp	27
流明	ルーメン	lumen	28
流明天花板	光天井	luminous ceiling	106,116
高強度氣體放電燈	高輝度放電ランプ	High-intensity discharge	27
配線計畫圖	配線計画図	Wiring Plan	17,50,238
挑高	吹抜け	atrium	76

中文	日文	英文	頁碼
拱頂	ヴォールト	vault	80
高頻整流器	HF　インタータ	Hf invertor	157
框體	ハウジング	housing	216
十一劃			
氪燈泡	クリプトン電球	krypton bulb	33
勒克斯	ルクス	lux	34
啟動器	スターター	starter	211
鹵素燈泡	ハロゲン電球	halogen lamp	25
鹵素杯燈	ダイクロハロゲンランプ	Dichroic halogen lamp	76,88.140,207
鹵素循環	ハロゲンサイクル	halogen cycle	208
密封式光束燈泡	シールドビーム電球	sealed beam lamp	173
基礎照明	ベース照明	based lighting	170
十二劃			
間接眩光	間接グレア	direct glare	22
發光強度	光度	intensity	28
無極燈	無電極蛍光ランプ	electrodeless fluorescent lamps	216
無機EL	無機EL	inorganic electro luminescent	216
發光牆	光壁	light wall	106,116,160
發光地板	光床	light floor	106,116
光柱	光柱	light pillar	110
結構性照明	建築化照明	structural lighting	106
窗簾盒	カーテンボックス	Curtain box	110
無縫燈條	シームレスラインランプ	Seamless lamp	108,109
單斜屋頂	片流れ天井	pent shed roof	128
紫外線	紫外線	ultraviolet (UV) rays	20,192
電致發光	エレクトロルミネセンス	electroluminescence	216,217
十三劃			
照明配置圖	照明配置図	lighting layout drawing	16,17,42,238
照度	照度	illuminance	28
裝飾照明	装飾照明	decorative lighting	172
迷你氪燈泡	ミニクリプトン電球	Mini krypton bulb	138
十四劃			
維護係數	保守率	maintenance factor	19
輝度	輝度	Luminance	28
維護率	保守率	maintenance rate	34
緊密型螢光燈	コンパクト形蛍光ランプ	compact fluorescent lamp	37
實體模型	モックアップ	mock-up	44,45
綠色採購條款	グリーン購入法	sustainable procurement	156,157
監控開關	パイロットスイッチ	pilot switch	242
十五劃			
調整投光方向	フォーカシング	focusing	16,17
模擬	モックアップ	mockup	16,17
熱輻射能量算圖法	ラジオシティ	radiosity	48
十六劃			
燈帽	口金	socket	19
燈罩	シェード	shade	28,66
燈光分佈圖	光のレイアウト図	lighting layout drawing	41
壁面燈	ウォールウォッシャ	wall washer lights	124,161,180,183
壁燈	ブラケット照明	bracket	80
辦公環境照明	タスク・アンビエント照明	task-ambient lighting	104,105
燈杯	グレアカット	glare cut	120
燈條	テープライト	tape Light	234
螢光開關	ホタルスイッチ	firefly switch	242
十七劃			
燭光	カンデラ	candela	28
階梯燈	ステップライト	step light	119
十八劃			
遮光式照明	コーニス照明	cornice lighting	110,111
鎢絲燈泡	タングステンフィラメント電球	tungsten filament lightbulb	206,207
二十二劃			
邊框	トリム	trim	222
二十三劃			
變壓器	トランス	transformer	19,218

参考文献

『照明「あかり」の設計　住空間の Lighting Design』中島龍興（建築資料研究社刊）

『カラー図解　照明のことがわかる本』中島龍興（日本実業出版社刊）

『カラーコーディネーター入門／色彩　改訂版』日本色研事業部

『Panasonic HomeArchi 09-10 カタログ』パナソニック電工株式会社

『National Expart TEXTBOOK 2008-2009』松下電工株式会社

『住まいの照明』サリー・ストーリー／鈴木宏子訳（産調出版刊）

『光と色の環境デザイン』社団法人　日本建築学会編（オーム社刊）

『新・照明教室　照明の基礎知識（初級編）』社団法人　照明学会　普及部

『高木英敏の美しい住まいのあかり』高木英敏（日経ＢＰ社刊）

『照明デザイン入門』中島龍興・近田玲子・面出薫（彰国社刊）

『Delicious Lighting　デリシャスライティング』東海林弘靖（ＴＯＴＯ出版刊）

『照明基礎講座テキスト』社団法人　照明学会

『照明専門講座テキスト』社団法人　照明学会

『照明ハンドブック　第 2 版』社団法人　照明学会編（オーム社刊）

『照明器具リニューアルのおすすめ』社団法人　日本照明器具工業会

『建築知識 2008 年 7 月』（エクスナレッジ刊）

『iA06 照明デザイン入門』（エクスナレッジ刊）

國家圖書館出版品預行編目（CIP）資料

照明 / 安齋哲作；林詠純譯. —— 修訂二版. ——
臺北市：易博士文化，城邦文化出版：家庭傳媒城邦分公司發行，
2022.02　面；　公分

譯自：世界で一番やさしい照明 増補改訂カラー版

ISBN 978-986-480-212-8(平裝)

1.照明 2.燈光設計 3.室內設計

422.2　　　　　　　　　　　　　　　　　　111001695

DO3319

照明 110種關鍵提案與具體做法，空間表情營造規劃全圖解

原 著 書 名 / 世界で一番やさしい照明 増補改訂カラー版
原 出 版 社 / 株式会社エクスナレッジ
作　　　者 / 安齋哲
譯　　　者 / 林詠純
選 書 人 / 蕭麗媛
執 行 編 輯 / 潘玫均、呂舒峮、鄭雁聿

業 務 副 理 / 羅越華
總 編 輯 / 蕭麗媛
發 行 人 / 何飛鵬
出　　　版 / 易博士文化
　　　　　　城邦文化事業股份有限公司
　　　　　　台北市中山區民生東路二141號8樓
　　　　　　電話：（02）2500-7008　傳真：（02）2502-7676
　　　　　　E-mail：ct_easybooks@hmg.com.tw
發　　　行 / 英屬蓋曼群島商家庭傳媒股份有限公司城邦分公司
　　　　　　台北市中山區民生東路二段141號11樓
　　　　　　書虫客服服務專線：（02）2500-7718、2500-7719
　　　　　　服務時間：周一至周五上午09:30-12:00；下午13:30-17:00
　　　　　　24小時傳真服務：（02）2500-1990、2500-1991
　　　　　　讀者服務信箱：service@readingclub.com.tw
　　　　　　劃撥帳號：19863813
　　　　　　戶名：書虫股份有限公司
香港發行所 / 城邦（香港）出版集團有限公司
　　　　　　香港灣仔駱克道193號東超商業中心1樓
　　　　　　電話：（852）2508-6231　傳真：（852）2578-9337
　　　　　　E-mail：hkcite@biznetvigator.com
馬新發行所 / 城邦（馬新）出版集團 [Cite (M) Sdn. Bhd.]
　　　　　　41, Jalan Radin Anum, Bandar Baru Sri Petaling, 57000 Kuala Lumpur,
　　　　　　Malaysia
　　　　　　電話：（603）9057-8822　傳真：（603）9057-6622
　　　　　　E-mail：cite@cite.com.my

製 版 印 刷 / 卡樂彩色製版印刷有限公司

SEKAI DE ICHIBAN YASASHII SHOMEI ZOUHO KAITEI COLOR BAN
© TETSU ANZAI 2013
Originally published in Japan in 2013 by X－Knowledge Co., Ltd. TOKYO,
Chinese（in complex character only）translation rights arranged with
X－Knowledge Co., Ltd. TOKYO.

■2013年12月3日　初版（原書名《圖解照明》）
■2020年1月15日 修訂一版（更定書名為《照明》）
■2022年02月24日 修訂二版
ISBN 978-986-480-212-8
定價700元　HK$233

城邦讀書花園
www.cite.com.tw